U03345857

看见我们的未来

烏有園

第三輯

觀想與興造

金秋野　王欣　編

同济大学出版社
Tongji University Press

目录

题
语

转眼间《乌有园》推出第三辑,题目为"观想与兴造"。在此重申丛书宗旨:汇集国内外高质量的、面向当代的、面向实践的园林研究,促进传统设计语言的现代转化。盖园林和设计实践都是综合的事,故本书也旁涉书法绘画、工匠技艺、材料构造、思想哲学等方面内容,共同组成了我们的新园林研究的大视野。这样说倒好像多大责任似的,其实只是应了王澍先生的那句话:"不要先想什么是重要的事情,而是先想什么是有情趣的事情,并身体力行地去做。"

　翻开眼前的第三辑《乌有园》,我被文章的趣味所打动。这种趣味体现在字里行间,与学院派那种一板一眼、脚注尾注的所谓"研究"很不一样,倒像是天真烂漫的对谈,为了一个共同感兴趣的话题,进行着平心静气、深入透彻的交流。许久以来,教学和科研已经不能给我一种内心的安定感,甚至旅行和实践也不能。如今在这些文字中,在这些作者的研究状态中,似乎重又见到一种生活、工作、思考、游历的融合状态。这大概就是造园者的心。如果我们能在这个过程中倾听内心对生活之美的呼唤,就能为本土建筑学开辟一块新的园地,相信每一个人都乐见其成,这块园地就是"乌有园"。

　这一辑的开卷依然由童明领衔,在题为《文人营园的时空压缩》的文章中,作者延续关于"异托邦"的思考,从两幅绘画开始,探讨了江南园林的

两种不同范式及各自的变型。作者以"沧浪亭"为例,分析造园者如何将一无特色的城市环境通过时空压缩的手段塑造为城市山林,它又如何在历史中逐步演化,成为文人写意山水的现实版本,成为一段真实可感的梦境,使人与自然在现世中融为一体。张翼在《体宜两辨》中,以训诂方法,从各类经典中辨析《园冶》"四字诀"中"体""宜"两字的原理和要义。在题为《传统大木建筑中的结构与空间》的文章中,年轻作者朴世禹以设计为眼,通过大量实例分析,指出中国传统建筑的主体框架——大木作并非法式的刻板表达,而是充满了具体的空间意图,使结构呈现出等级性、领域感和方向性,在中国建筑史和现代设计之间架起桥梁。

　本辑也介绍了王欣的新作"松荫茶会",一个幻境般的乡村茶室,以及中国美术学院建筑艺术学院三位教师的教学案例,包括宋曙华的"园宅与院宅"、陈立超的"砌筑基础",还有王欣指导的两个毕业设计案例:"楔入城市的溪谷"和"折子戏台"。在文章中,老师们不仅介绍了课题本身,也讨论了蕴含在题目背后的文化含义。

　"视野"栏目共收录五篇文章,均与身体经验和视觉建构有关。吴洪德在《解剖华山:三幅14世纪册页中的视觉冒险》中进行了一场类似于福柯"目光考古学"的实验,将明代王履的三幅册页与马奈

的画作进行了有趣的对照。胡恒在《正反瞻园》中，通过一正一反两个不同方向的南京瞻园图绘，揭示出园林隐匿的空间结构。在《明代小说插画的空间语言》中，两位作者讨论了明代插画在有限尺幅中构造情节所采用的以"情节—空间单元"为基础的视觉戏法，并论及散点透视的图解性质。在《从缩地术到壶中天》一文中，三位作者系统地总结了中国文人看待和再现世界的"外观"与"内观"，或"概览"与"沉浸"两种不同的观法，为我们理解古人的心理图景提供了很好的角度。在《椽桷之下，作木生奇》一文中，作者钱晓冬讨论了"连屋草架""重椽复水"等传统建筑构造的人视空间意趣，指出构造的起点在于生活。不管这些研究是否是针对"科学透视法"等现代视觉理论的批评，其细致精到的眼光都值得赞赏。

本辑"专题"栏目收录四篇文章，总的题目为"巴瓦与庭园的东方性"。作为跨文化的现代建筑师，杰弗里·巴瓦的作品和思想日益引起人们的重视。巴瓦受西方现代建筑教育却能别出机杼，在实践中摸索了一种立意宏大、层次深邃、简单明了、细节动人的庭院式建筑，在城市生活中重新建立了人与自然的亲密关联。在四篇文章中，董豫赣、葛明等作者从庭院、剖面到地形，从各方面探讨了巴瓦建筑的诸多设计理念和方法，总结了他顺势而为的建造

思路，以及这种态度与现代主义的关系，概括了他的"东方性"。不难发现，在这些作者的视野里，巴瓦成为我们透过现代主义回望自身的一面镜子。

宋曙华在文章中举了一个例子，那是一幅18世纪西方人制作的中国圆明园铜版画，作者将其与文徵明的《拙政园三十一景图》比较，指出前者误解了中国园林，在图面上制造出一种"令人窒息的充塞感"。这一年我在北美交流学习，走了很多地方。这片土地上分布着大量未经开发的处女地，到处都是与住宅区交杂在一处的草坪、树木、池塘等自然景观，人世好像被植入了自然。然而我有一种奇怪的感觉：这里似乎连自然都有一种令人窒息的充塞感，旷而不空。高明的建造者有一种特殊的本领，能够用"实"来造"空"，将蜷缩的三维世界借空间操作释放出来。被延展翻出的不只是空间，还有人存在的模式、意图，让想象力以一种具体的方式展开，言语和动作从而有了尺度和意义。唯其如此，人才不会是林间漫游的"高尚野蛮人"，房子也不只是方格网产业上的"占位点"。人们在比较、回忆和憧憬中重建家园。借新辑出版的机会，再次感谢我们辛勤耕耘的作者和孜孜以求的读者，是你们的支持为这项工作赋予了意义。

金秋野

研

究

RE

SE

AR

CH

E

S

乌有园
第三辑
观想与兴造

14

ARCADIA
VOLUME III
2018

之一

西蜀与江南

文人营园的时空压缩

江南园林的范式与变型

童明

在现今流传下来的五代时期的绘画中，有两幅同样题名为《勘书图》的画作。两样情形的并置，恰好可以用来解释文人营园中所存在的两种不同类型。

第一幅据传为后蜀画院的宫廷画家黄筌的《勘书图》。在画幅中，唐代文人韩愈正襟危坐于一座读书亭里，勉励儿子韩符勤奋向学。在这个充满儒学规范的场景里，瞿然而悟的人物主角，严正拘谨的文士书斋，与一座形态方正、轮廓刚硬的石山融为一体。作为衬景的山脉所采用的则是巍峨耸立的高远画法，峰峦雄厚，气壮雄逸，有如面前真列。*fig...01*

另一幅真迹则是南唐画院的翰林待诏王齐翰的《勘书图》。在画面中，一位白衣文士祖胸赤足，一手扶椅，一手挑耳，微闭左目，复翘脚趾，状甚惬意，所呈现的是完全有别的道家风骨。用于烘托主题的场景虽然也以自然为题，但这一盛景被装入一件巨型三折屏风之中。画屏内容则是以平远画法所构成的山光水色、苍松烟雨，一派江南风光。*fig...02*

同一题材，南北地域，两种意境。

如果将这两幅画面置于造园的语境里，我们在这里所需关注的并不完全在于"勘书"主题，而应更侧重在用于衬托这一读书场景的环境构造。

在黄筌画面中，处于中央的是一座大约5米见方的草亭建筑，四周帷幕完全打开，露出其中的书柜、坐榻、案几。空间虽然不大，但室内的文具、饰品、画屏摆放齐整，井然有序。韩氏父子在一位书童的伺服下，一个肃然，一个恭敬，进行着一场严谨的授业讲学。

书亭后方，则是一座由左向右倾斜的陡峭山崖，其状似乎欲要覆压向前，笼罩于书亭之上。大山虽然仅显局部，但已足显撼人气势，因为奇峰绝岭几乎将上方画面完全撑满，加上涌动向前的姿态，似乎即将破框而出。画面仅在右上端透出一角，下方虚化的山脚与上方雾化的树丛消解了山体的边界，远方若有若无的山谷在阴暗天空下隐约可见，令人感到不知所终。

与北宋以前大多数重峦巨嶂的画作不同，黄氏《勘书图》中的山体姿态显得峥嵘崎岖，从书亭至山间并没有一条蜿蜒曲径供人前行，以连接前景屋舍与后方壁立万仞的山崖。这一山体本身就是阻人进入的！

更有甚者，山崖不仅岩岩秀峙，另有峻嶒巨石兀立其上，令人感到一丝不安。这些构造山崖的巨石，形如野兽，状同怪物，呈现出一种乌云压顶、山雨欲来的景象，暗喻着只有在书亭内，才能避开政治时局中那些荒野、森然、蛮莽的未知力量，以泰然的心态，去应对动荡世界中的险恶处境。

礼仪居正的人物，规制方整的建筑，并然有致的装折，一旦被放置于山林野境之中，即便构图与色调协调融合，场景画面却令人深感异样。因为这样的崇山峻岭，必定位于人迹罕至之处。而韩愈的书斋，如此充满阳正之气，无异于长安城南、坊间闾里中的一座规整府邸。画中关于建筑的描绘如此真切，令人感到这就是某一寻常熟悉的家居环境，它被搬迁至某种杳无人烟的崇山野岭之中。

于是在恍惚之间，我们也可以反向认为，此画最不真实之处其实恰恰相反，也就是作为背景的高远山体，无论如何具体写实，它可能就是一幅超出画面范围的巨型山水画，前方所要衬托的读书场景，却是现实世界中的生活领域。

fig...01 黄筌（传），《勘书图》，五代、后蜀

fig...02 王齐翰，《勘书图》，五代、南唐

fig...03 董源（传），《龙宿郊民图》，五代，南唐

画面底端的一道护栏透露了这一剧情，它与书亭形成另一种构图关系，所呈现的很可能就是韩愈在唐长安城南的一座园林（后世常以其子之名称之为"韩符庄"），而背景中的山崖只是一种想象，所要表达的就是某种真实但并不存在的世界。山崖作为一种隐性图示，悬置于日常生活之上，这一象征化的表现正是为了强化勤勉努力的道德性主题。

相较而言，在王齐翰的画面中，占据画面主体的却是一道巨型画屏。画屏环绕之中，是一个远离尘嚣的私密空间，在其中，文士可以尽情放松平日里的斯文举止，斜倚歪坐，右手持勺，略显不雅。

虽然这幅原名为《挑耳图》的图画场景并不明确，但我们基本上可以判定，它的所处就是在金陵城中的一座大院深宅。画面并未表达任何建筑要素，似乎我们今日所关注的空间营造，在彼时就是一道敦厚屏风。在文人看来，建筑可能就如凡尘中的世俗

环境，若有若无，亦无所谓。空间中真正重要的是装盛于画屏之中的山水胜景，它那带有弯折性的包裹倾向，为有限的身体感受带来无限的外延世界。

画屏在此意味着一个完全驯化的野性自然，它被带入家居环境，融入日常生活之中。而人物则处在一种极度放松的状态之下，与画屏上的水墨山水，一同呈现了当时的生活情趣，反映了偏安江南的南唐文人的闲适生活。

由于不用恪守于某种需要严格写实的对象，屏画中的山水所呈现的视野更为广阔，可谓无极。这幅画面有些类似稍晚一些的《龙宿郊民图》*fig...03*，即董源（北苑）所作的写意山水，透露出想要表达的文人意象。

相比关陕秦岭的北国风光，烟雨江南的画面虽然场景宏大，但延绵山脉实为平冈小阪、陵阜陂陁所叠合构成。由于加入了大面积的水面，山体并不表现突

之二

辋川与沧浪

出，而成了一种连绵不断的地景。为了表现这一风景的广袤无垠，整幅画面并无特别的视觉焦点，似乎就是为了让人在画面中不断搜寻，以获无际之感。

可以认为，这应当不是一种巧合：为了表达欲高的山体，黄氏画面采用的是竖向构图；为了表达极阔的水面，王氏画面则采用了横轴布局。

黄氏画面所呈现的是大场景中的一方小环境，其焦点在于书亭以及其中所包含的礼仪规范，以原真状态进行表达的野山茂林则作为一种衬景。为了表达尽出而不绝的山体，画面超出视野范围而似乎杳然无际。

在王氏画面中，处于视觉中心的是画屏内的广袤自然，缥缈山水。三折屏风居正而稳重，几乎撑满整幅画面，以至于观者很容易忽略此画的真正主题。在占据大幅画面的山水图景的下方，是一条放置笔墨书卷的长几文案，以及箱匣矮桌。差不多遭到遗忘的勘书主人，则萎缩于屏风的一角，恍然欲睡。

如果以两幅画面中的家具作为参照，我们可以看到，两种勘书的场景于空间规模几乎大小相当。有所不同的，是用作衬景的自然风貌。黄氏《勘书图》的背景山体，尺度大致依照原真比例，因而整座山林仅现一角；王氏《勘书图》，虽然没有其他参照物的存在，但是在完全人工化的屏风中，范围几乎无穷的自然，被浓缩于一幅有限的画面之中，并由厚重的屏风边框进行明确界定。这使得王氏画面本身场景虽然不大，但是由于画屏中的平远山水深远不绝，所呈现的却是比黄氏画面中的仰止高山更加令人感悟万千的浩渺世界。

如此无限的自然风景，被纳入一道宽厚边框之内，事实上就造成了与真实世界的一种断离，从而成为一种完全驯化而令人熟知的世界，就如庄周的观鱼遐想，可使文人悠然沉浸于拟人化的濠濮神游之中。

白居易诗曰："今日园林主，多为将相官，终身不曾到，只当画图看。"既然园林可以作为图画来观赏，那么这也意味着，造园亦是一种绘制过程。

长久以来，人们认为山水画卷与山水园林之间存在着同一而有差异的关系。

童寯将中国园林称作三维化的山水画卷，因为面对茅屋、曲径与垂柳等图像所构成的无边景色，如果能超越空间与体量进行定格，将其转化为一幅消除景深的平面，"游者必然十分兴奋并意识到，园林竟如此酷似山水画面"。观赏这一人工化的山水之所以令人感到兴奋，是因为每一次进入其中，都犹如一次探险，因为游者所面对的，都将是一种不期而至、既熟悉又陌生的延时旅程。

刘敦桢则采用另外一种方式表达了同样的感受："其佳者善于因地制宜，师法自然，并吸取传统绘画与园林手法之优点，自出机杼，创造各种新意境，使游者如观黄公望《富春山居图》卷，佳山妙水，层出不穷，为之悠然神往。"

无论是悬置于厅堂之中的山水画卷，还是缩身于院墙之内的树石庭园，给人带来的不仅是一种视觉化的审美感受，也是一种艺术性的概念悖论，因为无论是山水画卷还是山水园林，尽管其意都是要去再现一处自然景色，但本质上都是一种人工造化。

因此，无论是黄筌还是王齐翰，在画面中所要模拟的自然山水，于现实中并不真实存在。它们就是一种臆造化的人工物，意图都是将尺幅无边的山水，压缩装入由一周边框所界定的画景之中，并且相应地，也将野性带入人境，带入起居，带入生活。因此童寯言曰："如若览于画卷而获观赏之乐，须先辨识某些反常习俗。"

在此值得注意的是，由于地域与文化差异，我们今日所谓的山水绘画在古时并非整体，相应的园林风格也并非一致。单就作为画面情境的山水背景而言，我们可以将长安南郊所代表的山水环境称作"原真自然"，将南唐金陵所代表的市井园林称作"人工自然"。

fig...04 王维（传），《辋川图》，日本圣福寺摹本，绢木设色，辋口庄图

　　虽然在同为人造物的语境下，"原真自然"与"人工自然"之间并不存有什么本质性的区别，但却为创作方法带来了重大差异：一个更多倾向于写实，一个更多钟情于写意。

　　董其昌曾经开创性地提出"南北宗"的说法，以澄清这两者之间的区别。就整体风格而言，"南宗圆柔疏散，北宗方刚谨严；南宗多线型结构，北宗多块面结构；南宗气局尚平淡浑穆，北宗体势尚奇峭突兀；南宗倾向于自如而随意，北宗倾向于刻画而着意"[1]。

----
[1] 参见何延喆：《北宗山水画技法》，天津人民美术出版社，2012年08月。

　　在具体技法上，北宗较多使用"斧劈皴"，南宗则更多应用"披麻皴"。就如前述两幅《勘书图》所呈现，黄筌的岩体较多带有斧劈、折带等痕迹，而王齐翰的山脉则更多类似卷云、牛毛，用笔骨法，以表达林峦苍翠，草木茂密。

　　画法风格方面的差异，实则与地域环境特征密不可分。从地貌角度看，北宗适合表现多石且石质坚凝顽重的山体，可称为石山；南宗适合表现多土而植被较丰厚的山体，可称为土山。一种是"外露筋骨"，另一种则是"内含刚柔"。

　　如此而言，我们会关心，这一理论是否同样适用于造园活动的不同范式。在此，我们仍然可以采用两幅可以互为镜像的画面来呈现其中的微妙差别。

fig...05 济航，《沧浪亭图》，1883 年

其中一幅来自唐代诗人兼画家王维的《辋川图》。由于原本早已失传，在后人摹本中，它所描绘的仅是辋川别业入口之处的辋口庄。*fig...04* 画面正中为一圆形孤岛，辋川河行而绕之。孤岛之上是一座由规整建筑与方正院落所形成的庄园，两位农夫正在庄园前方一块并不很大的田地中从事着象征性的耕作。在辋川河外侧，则是由华子冈诸峰所环绕而成的延绵群山。面对这样的场景，王维题曰：

飞鸟去不穷，连山复秋色。
上下华子冈，惆怅情何极。

与之相应，在现今犹存的苏州沧浪亭中，有一块摹刻于1883年的石碑，其中的画面是由僧人济航所刻画的《沧浪亭图》，这幅画面所呈现的园林格局基本无异于我们今日所见之景象。*fig...05* 画面之中并没有任何人物的存在，占据主景的是横向平行的自然山水。园林主角则是一座石亭，翼然位列于延绵山脉之上，成为整体格局的焦点核心。宋代园主苏舜钦曾云：

一径抱幽山，居然城市间。
高轩面曲水，修竹慰愁颜。

如果我们将黄筌画面转置为传说中石崇的金谷别庐，或者王维的辋川别业，那么所应对的则是山林地、郊野地这样的乡间苑墅；将王齐翰的山水画屏置换成带有园墙边界的沧浪亭或网师园，所应对的则应当是城市地、傍宅地这样的城中庭园。

"辋川"与"沧浪"两图并列于一起，在我们眼前所呈现的，可谓是地貌差异，文化差异，空间差异。如果单从画面构成来看，两幅图景所表达的都是一种围合含义，以表达某种现实中不存在的理想世界。

尽管在文人营园活动中，再现自然的基本意图不会改变，但这样一种地理文化方面的差异性，却造就了不同营园方法的本质区分。

在《辋川图》中，四周背景所描绘的是一处广袤山水，峰峦秀起，苍茫浑厚。处于画面正中的辋口庄，则是从自然环境中所界定出来的一小片人工天地。尽管在历史流传下来的各种摹写版本中，这一组建筑时而华丽如宫廷，时而寒淡如村舍，但总体上，它的格局遵从着城市肌理，似乎是将一座市井院落，放置于天然环境之中。

这样一种城市院落，恰恰是辋川别业与日常俗世联系最多的一部分，由于如此为人熟知，因而并不需要花费精力进行交代。就如黄氏《勘书图》中的草亭，虽居正中，也为故事主角，但其内部构造因套用熟悉程式而毋庸赘言，这与后世明清园林将居住用地偏置一隅的做法如出一辙。

然而在《沧浪亭图》中，尽管画面也以一种环状结构进行布局，但整体秩序与《辋川图》却是完全相反：处在中央的是绵延群山，而建筑组群则环列四周。尽管作者对画幅的外缘进行了虚化，但毫无疑问，沧浪亭所处的地点正是吴中都会的繁华中心，而山水，作为一种遥远的意境，就是从宅第骈阗、肩摩趾错的城市环境中所界定出来的一片有机世界。

由此，这两幅园林图景也提供了两种相互对应的范式，前者是由自然山水所围合而成的一种乌托邦式的理想人境，在纯净原真的环境中，"门掩不须垂铁锁，客来聊复共藜床"，可以称为理想世界中的"乌托邦"。

后者是完全由人工构造的假想自然，一种与乌托邦相对应的异托邦，在市井喧嚣的现实生活中，"亭临流水地斯趣，室有幽兰人亦清"，更接近于今日所见的江南园林，则是现实生活中的"异托邦"了。

米歇尔·福柯说，作为一种场所，乌托邦在现实世界中并不存在，而只存在于描绘之中。然而乌托邦与社会真实空间之间总是保持某种间接并且反转的关系，以保持其自身的完美性。

但异托邦却是实际存在的，对异托邦的理解则需要借助于想象，并且它的形成需要具体的营造。在乌托邦与异托邦之间，存在着一种混合的、中间的经验，其效果就如同一面镜子，它们互为映射、互为反像。

这就犹如黄筌的背景高山或者王齐翰的三折画屏，尽管它们本质上都是悬挂于厅堂之中的人工造物，是经由想象而营造出来的自然，但所要传达的意境则是烟霞仙圣，而非尘嚣缰锁：在黄氏画面中，大山堂堂，长松亭亭，林木盘折，委曲铺设；在王氏画面中，峤岭重叠，傍边平远，勾连缥缈，不厌其远。

这样的差异性同样存在于辋口庄与沧浪亭的范式中，它们之间并不存在高下之分，各自对应的，是各自不同的时空感受。

如果与王维的范式进行对比，沧浪亭实质上就是辋口庄的一种外向内化：原先处于画面核心的屋舍被转移至外围，而四周的山水则被聚合到内部，成为中央性的视景，从而使得沧浪亭成为一幅有框的三维山水画。

在辋口庄的范式中，景物外在，山水已存，视景营造的工作重点在于位置经营，即如何选择恰当的观看方式；但是在沧浪亭的范式中，就如在一道敦厚宽边的屏面中，探讨营造一方"挟烟云而秀媚，照溪谷而光辉"的无际自然，景物与视点事先都不存在，山水与居所都需要进行营造，并且需要更高的智慧与品位，这样才能在一个微缩的城市山林之中，呈现出广阜崇水的浩渺气脉，在一个咫尺的深宅庭院中，展示出回溪断崖、古树参差的无穷意境。

之三

压 时
缩 空
　 　与

郭熙在《山水训》中认为，君子之所以喜爱山水的本因在于"尘嚣缰锁，此人情所常厌也；烟霞仙圣，此人情所常愿而不得见也"。因此，山水画的作用在于，它能够使人"不下堂筵，坐穷泉壑"。

这一情境基本上可以采用王齐翰的《勘书图》加以体现，其中的白衣文士不仅无须屈尊走出堂筵，如同苦行僧那样从事溪山行旅，而且可以在书童的伺服之下，极为舒适地徜徉于由山水绘画所带来的奇妙幻景之中。

如果说，魏晋以来的山水绘画与江南园林之间有着本源同一的基础，那么它们各自针对自然的态度，以及进行再现的方式都应当具有相互对应关系。就如计成所谓"足微市隐尤胜巢居，能为闹处寻幽，胡舍近方图远？得闲即诣，随兴携游"。

只不过，端坐于堂筵之上，所要面对的对象有所不同。*fig...06*

白居易曾经如此描述他的庐山草堂："堂东有瀑布，水悬三尺，泻阶隅，落石渠，昏晓如练色，夜中如环佩琴筑声。堂西倚北崖右趾，以剖竹架空，引崖上泉，脉分线悬，自檐注砌，累累如贯珠，霏微如雨露，滴沥飘洒，随风远去。其四傍耳目杖履可及者，春有锦绣谷花，夏有石门涧云，秋有虎溪月，冬有炉峰雪。"

尽管白居易关于草堂的描述，所隐含的意指对象就是庐山，但是由于这一园林化的营造，这座草堂所坐落的环境不仅触手可及，而且可以"阴晴显晦，昏旦含吐，千变万状，不可殚纪，覼缕而言"，基本上已经成为一个可以通情达理的精灵，因此相比庐山实景可以更胜一筹。

对于这样一种超越原型的营造，郭熙认为，需要"妙手郁然出之"。

之所以称为"妙手"，只因山水世界的人工营造并不是一件可以轻易达成的事情，甚至可以认为，这是人世间难度最高的一种工作。因为它所要实现的目标，是要令人感到"猿声鸟啼，依约在耳，山光水色，滉漾夺目"，从而达到"快人意，获我心"的绝妙境界。

然而如此精妙高深的操作，一般又是经由某种带有散淡、随意，自然而然的"郁然"方式来完成的。

与字字珠玑的文学不同，园林对于自然的表现不仅仅停留于字词的隐喻或者依靠文体的修辞来呈现。同样，与如真如幻的纸面绘画不同，园林对于自然的再现也不可能仅仅通过晕染的水墨或灵动的

fig...06 沧浪亭，门厅，"不下堂筵，坐穷泉壑"。摄影：郑可俊

皴法来进行二维性的模仿。更重要的是，一座园林是现实中的活物，真山水之云气四时不同，"春融怡，夏翁郁，秋疏薄，冬黯淡"，自然界的气韵生动之态，只能通过园林来获得实现。

在这样的一种语境下，江南园林是一种三维性或者多维性的人造自然。画屏如为内向，园林实属外向，从而无法回避与建筑、与环境之间的关联性。江南园林是需要通过真实性的物质材料，通过具体性的建构操作，才能完成的一幅极高难度的真正实景，并且需要人们走入其中，因而所需技法的难度更大。

我们难以想象，当年计成在晋陵（常州）为吴又予建言那座五亩之园时，相对于常规的营园之制，提出了某种"想出意外"的方式，从而使得这位时任布政使的官员在园林落成后，喜不自禁："从进而出，计步仅四百，自得谓江南之胜，惟吾独收矣。"

从字面上理解，吴又予当时所收获的，就是由于时空压缩而获得的一种惊喜感受。这就有如观赏黄公望的《富春山居图》，或者王希孟的《千里江山图》，在画卷徐展的过程中，渔村野市、水榭亭台、茅庵草舍、水磨长桥逐一呈现，而它们的集成，带来了江河烟波浩渺、群山层峦起伏的精神感受。

尽管与其他画卷相比，这些作品本身也是鸿篇巨制，长达数米，但是其尺度远不及所要表现的绵延数百公里的山水场景，因此更需要集水墨山水之大成，聚林泉情思于其中。

如此而言，计成所谋划的吴又予园，在情节上更加近似于王氏《勘书图》中的巨幅画屏，在五亩范围的园墙内，所呈现的就是经由时空压缩之后的自然山水。以此类推，如果我们将《沧浪亭图》视作由园墙界定出来的山水画卷，这就是一幅长达百米的横向卷轴，从俯瞰视角来看，这幅画面的画框实则由蜿蜒曲折的园墙及游廊所构成。在边界范围内，包容了由山水林木所构造的一个象征化的自然世界，千丘万壑，奇诮深妙。

这一东西横卧的绵延山体，处在图面中央，基本上由众多体块不大的湖石与黄石堆掇而成。尽管明是一座人工假山，它的名称却被题为"真山林"。

此山东西横卧，土阜露石，峰峦秀起，苍茫浑厚，回溪断岸，古树参差。其掇叠做法采用黄石抱土构筑，四周山脚，垒石护坡，沿坡砌数处磴道。土多石少，不仅降减人工，而且又省物力，更重要的是，山体石土浑然一体，混假山于真山之中，使人难辨真假，极具天然委曲之妙。

"真山林"所涉及的假山营造，其议题主要侧重于如何在这一不大的画框范围内，营造一处视感宏大的自然场景。我们可以概括性认为，这一时空浓缩的做法，需要通过以下几方面操作才能实现。

1. 视觉方面：在一个纵横不足百米的围合庭园中，通过叠山理水去营构一个包容万象的大千世界，使观者成为庾信在《小园赋》中所描述的安巢之所中的巢夫，容身之地内的壶公，获得一种"一峰则太华千寻，一勺则江湖万里"的视觉效果。

2. 感受方面：李渔在简化版本中所谓的"一拳代山、一勺代水"，尽管概括了时空压缩这一造园的操作意图，但也相应容易导向一种几何式缩放的机械性操作。毕竟，园林与同样作为微缩景观的盆景有着天壤之别，它需要通过视觉感受加上身体运动的配合，不断协调视点与景物之间的变化，才能使厅堂亭榭与山池树石融为一体，实现"致身岩下与木石居"的效果。

3. 心理方面：正如郭熙在《山水训》中所表述的，绘制山水画的意图并不止于仅仅复现某个山水画面，而是需要达到更高一层境界，也就是所要呈现的不仅是形体之伟，更是气象之大。相对而言，更早期的南梁画家萧贲所谓的"咫尺之内而瞻万里之遥，方寸之中乃辨千寻之峻"更为完整，因为对于山水的表达，除了"万里"与"千寻"，还有体会到的"遥"与"峻"的气脉神韵。

这样一种视觉、实体以及心理的关联性操作，如果与计成所谓"想出意外"的方法联系到一起，就足以体现当时所面对的艰难挑战。

由于吴又予的五亩见方之园，空间并不宏大，再

fig...07 沧浪亭，流玉潭图景。摄影：童明

fig...08 沧浪亭，流玉潭平面图。
引自刘敦桢《苏州古典园林》

加上地势平坦，无势可借，很容易造成一览无余的拙劣效果。为了拓宽视觉感受的尺度，计成所采用的方式就是"此制不第宜掇石而高，且宜搜土而下，令乔木参差山腰，蟠根嵌石，宛若画意"。其具体做法可以解释为：

1. 一方面叠石而增其高，另一方面挖土而下使其深，使原先地表面上的乔木处于山腰状态，形成上下参差之势，并且在露出的屈曲树根之间，镶嵌山石，形成微缩山水的视觉效果。

2. 靠水傍山，构筑亭台，通过位置经营来布局观赏视点，并借助池水以浮空泛影，上架浮廊以飞渡其间，造就涧壑的曲折深邃，带来离世绝俗的心理感受。

如果将计成的描述对应于实际场景，就可以发现，沧浪亭的"真山林"就是这一策略的具体应用。

由于沧浪亭北临葑溪，在水一方，因而在园内并无太多水面。但是在"真山林"的西北一侧，仍然存有一池搜土而下的深潭碧水。这一由俞樾采用篆书题名为"流玉"的池水，据称宋代已有。池边采

用黄石补缀，并间植迎春灌丛，玲珑巧透。fig...07-08

虽仅为一方池水，但由于环径与潭涧之间石壁陡峭，不仅映映出地形山势，而且表现出山体气势，形成山高水深之景，并反衬出南侧"真山林"的深远意境。更为重要的是环绕周边的游廊，随地形上下起伏，起盘道蹬山之势，在石山与深潭的映衬下，令人如临深渊。

在苏州园林中，"流玉潭"与"真山林"并不能称为佳景名胜。但如果考虑此处地形的原有之状，既无地形可资，亦无景色可借，就会不得不敬佩造园师在处理这一直白平地时所显示的超级智巧。

我们可以认为，除了计成所谓"掇石而高，搜土而下"的策略，"流玉潭"更为关键的是这一北侧的反向双曲游廊。它不仅将渊池限定而出，形成高下曲折之势，并且采用阴阳图形，在清香馆南侧形成了一曲弯院。四周原本可能呆板无趣的界墙，随着蜿蜒曲折的廊棚构造，形成了一条生动有趣的起伏路径，时而依水而上，时而缘山而下，并且由于随墙点

fig...09 沧浪亭，流玉潭与回廊。摄影：童明

fig...10 沧浪亭，平面图局部。引自刘敦桢《苏州古典园林》

缀的漏窗，曲线蜿蜒，不断扩大景深，形成了深远不尽的效果。*fig...09*

由此类推，我们可以认为，沧浪亭的园池山林之所以能够成"真"，与周边环绕的曲廊构造密不可分。山林所呈现的千寻之峻、万里之遥、幽邃高峻、质朴成趣的品质，是在曲廊这一画框的配合之下才能形成。尤其是沿着葑溪的外侧所构成的复廊，使得园外景色也能够亭台错落。篆壑飞廊，成为沧浪亭最为引人入胜的流连之处。

如果将沧浪亭与王齐翰画屏并置，尽管在思维范式上可做一定类比，但所产生的现实体验却是截然不同。从入口开始，经面水轩到观鱼处，再循闲吟亭、闻妙香室、明道堂、清香馆、步碕亭、御碑亭，再回到入口处，所有建筑都面山而立，向心布局。徜徉在沧浪亭的周边画框里，游者所获得的，是一种更为丰富的审美感受。*fig...10*

如果说王齐翰画屏是经由水墨技法，通过抽象、联想所达到的一种意境，那么现实中的沧浪亭，则是经由建筑与山林共同营造的现实世界。它们不仅关于视觉，而且关于身体感受，时空压缩不仅并未带来自然图景的减缩或简化，相反带来了更为丰富的视觉体验。跟随着路径的蜿蜒起伏，经历着空间的起承转合，伴随着一身心俱至的延时历程，寻常性的林木山石被组合到一起，形成了步移景异的现场效果。

因此尽管文字可以采用时间顺序来描述，绘画可以通过横幅展开来进行描摹，但是园林所带来的这种身体性的感受却不得不通过更加复杂的方式才能实现，以至于"虽峰峦可画，而路径盘环，洞壑曲折，游者迷途，摹描无术"，对于观赏者而言，实体性的空间同样也是必需的条件，"自非身临其境，不足以穷其妙矣"。

之四

变化 程式与

虽然并不能得到确凿验证，但我们大致可以从郭熙的《山水训》进行推想，作为造园之始的"林泉之志、烟霞之侣"，其心智类型基本上源于"堆阜盘礴而连延不断于千里之外"的齐鲁关陕。身居江南的计成在《园冶》中就曾经表白，关于山水画，最喜关仝、荆浩笔意。

几乎在同一时期的同一地域，明代潘允端在营造豫园时，也表达了对于辋川、平泉的遥想，但是由于条件限制，仅能自嘲在自己的一方壶隐天地中，如有"卉石之适观、堂室之便体、舟楫之沿泛，亦足以送流景而乐余年矣"。

北方山川，始终就是南方水乡的一种憧憬与愿想。自晋晋时期，上林金谷，即成为江南园林所要传移模写的榜样。当文人苏舜钦以罪废而无所归时，至苏州而深感不适，认为此地"盛夏蒸燠，土居皆编狭，不能出气"，于是"思得高爽虚辟之地，以舒所怀"，但"不可得也"。

然而自南宋以来，园林之盛，首推湖、杭、苏、扬等江南之城。李斗于清初在《扬州画舫录》中称："杭州以湖山胜，苏州以市肆胜，扬州以园亭胜。"而北方私园，自宋南渡后，几无可述者。

毫无疑问，地域因素在园林的演化过程中至关重要。吴中市肆，城中闾里，以平原之地，难以获得辋川、平泉那样的重岩复岭、深蹊洞壑的地缘风貌，而只能成为梦寐在焉的林泉思绪。

正是在这种不同地理之间的自然图景的交互过程中，我们可以说，有关"江南园林"的概念才得以建立。在此，我们更为关注的是在江南地域中所孕育的那种造园文化与技法，可以简要地称为园林构造。

所谓构造，就不是简单的模仿。这就如郑元勋在为《园冶》所作题词中对于照搬抄袭之作的讥讽："若本无崇山茂林之幽，而徒假其曲水；绝少鹿柴文杏之胜，而冒托于辋川，不如嫫母傅粉涂朱，只益之陋乎？"

市隐巢居，闹处寻幽，在这样一种语境中，更多需要讨论的是如何利用现有的资源要素，遵循某种心智范式，通过某种设计概念，并采用现实空间环境中的字词、句法，或者线条、皴法，在景致对象与视觉营造的互动过程中，构造一幅"真山水"画屏之中的万千气象。

江南园林的构造，核心在于视景的建构，它既类似于王齐翰的画屏山水，又不同于以平面状态对身体进行静态性的包裹。所谓的"侧看成峰，横看成岭，山回路转，竹径通幽，前后掩映，隐现无穷，借景对景，应接不暇……"，就意味着观赏一片江南园林，需要在一种疏密有致、曲折尽致的动态过程中进行。而作为这幅三维山水画的外景边框，曲径游廊以及相应的亭台楼榭，于不知不觉中，将游者带入画卷之中，虽然不见全幅盛景，但胜过一览无余。在此通于彼、彼通于此，在墙壁有眼、四面玲珑，在各种由构造所形成的缩放关系中，实现了可居、可观、可游的三维画景。

与此同时，在这样的时空压缩以及人工化物的过程中，原生状态的野性自然，可以驯化成为家居生活。

当苏舜钦由汴梁京城遭贬而逶巡于苏州葑溪水畔时，这里只是吴越国军阀孙承佑的旧居弃地，"约六十寻，三面借水，旁无民居，崇阜茂木，不类城市"。苏舜钦在其笔记中的记述，并未将其归属为自己的栖居之所，而只是"时榜小舟，幅巾以往，至则洒然忘其归。觞而浩歌，踞而仰啸，野老不至，鱼鸟共乐"。尽管在这样一种超越现实的画面中，他可以"形骸既适则神不烦，观听无邪则道以明"，但与王齐翰在《勘书图》中描绘文士的那种颓然嗒然、不知其然而然的状态有所区别。

然而，历史中的沧浪亭并未定格于苏舜钦的文辞想象，有关它的营造，始终在时间中进行。

阿尔多·罗西将建筑视为建构，也就是历经时间去完成的人们生活于其中的环境创造。这一建构过程经历两个阶段，亦即在物质性的建造完成后，这一环境随着时间逐渐自我发展，它也获得了一种意识与记忆。它的原始主题铭记于构造物中而长久留

乌有园
第三辑
观想与兴造

26

ARCADIA
VOLUME III
2018

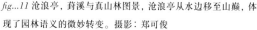

fig...11 沧浪亭，葑溪与真山林图景，沧浪亭从水边移至山巅，体现了园林语义的微妙转变。摄影：郑可俊

存，在建构过程中，这些主题经过不断修正而显得更为明确。

康熙三十四年（1695），巡抚宋荦因仰慕苏舜钦，于是重新疏理整治，构筑修葺沧浪亭，将已成遗迹的沧浪亭重构于山岭之上，以此表达对先贤的敬仰之情。沧浪亭移到山上之后，山就成了主体，园内的各种建筑都环山而筑，园林格局就此发生重大变化。随着道德性议题的提升以及对于崇高山体的敬仰，山取代了水，成为园林中心，沧浪亭格局发生根本性的内外反转。*fig...11*

清道光七年（1827），巡抚梁章钜再度重修沧浪亭，并集成联对"清风明月本无价，近水远山皆有情"，并由大学者俞樾书联。俞樾对于欧阳修与苏舜钦诗句的联合，暗示了沧浪亭所要达成的语境。"清风明月"对应着山体与水面，"近水远山"则对应着园内与园外。无论是儒家的道德情怀，还是道家的无为

诗意，都随着山水意境的转换而由此生成。水的清澄和山的崇高，寓意了人的情感和精神；人的思想形态和行为准则，被赋予自然山水的朴真高尚。

楹联不仅把自然美和人文美有机联系起来，使山林的景观意境更加深邃，而且也将本属于不同范畴的意识观念组织到一起，起到统挈园林布局的作用，使全园的山水、建筑、花木统合于一个框景之中，内外、高下、远近的景观融于沧浪水清的整体形象之中。*fig...12*

由此而言，时间不仅造就了沧浪亭的空间格局变迁，也带动了内涵气韵的变化。在漫长的岁月里，沧浪亭一度由园改寺，又由寺改为祠宇，在明清之际，一度成为官绅文士聚会议事之处，官员文士相聚，多择此地为乐，甚至乾隆帝南巡时也曾四度驾临。这里是当时有所作为的大臣官员必访必祭之地，可谓是略具政治色彩的公共园林。

"一径抱幽山，居然城市间"，苏舜钦的营园理念，

fig...12 沧浪亭，由复廊串接组织的山水整体。摄影：郑可俊

肇始于王维的意境，经历过韩愈的勘书亭，又浮现着王齐翰的山水画屏。但它的实质成形，却体现于后来的营建过程中，经由后章惇、韩世忠、宗敬、善庆、文瑛、宋荦、陶澍、梁章钜、张树声、颜文梁等人历代营修，渐次构成今日所见之图景。

如果这些文人可以被视作黄筌所作韩愈、王齐翰所作白衣文士，那么沧浪亭则可被视作壁立高山，也可视为三折画屏，它所呈现的，就是一幅空间化的江南《勘书图》。在画面的中央，是以真实的翼亭、林木、山石、泉池为要素所构成的千里江山、富春山居。然而无论呈现出怎样的姿态，牵引着这些变化的，则是郭熙所表述的"林泉之志，烟霞之侣，梦寐在焉，耳目断绝"。

而进入其中的游者，则沿着曲径、沿着折廊、沿着蹬道、沿着草径，沿着边框，游览于其中。同样的危桥，同样的山体，同样的池水，一次又一次地将游者带往不可思议的情境。在他的面前，三维画面逐次打开，不仅形状多变，视景复杂，而且路径循环变幻。在这样一种仿似真山水的游历过程中，观者所获得的，是一枕黄粱般的感受。

这样一种融合并非只是心境上的，也是本质上的。这也就是为什么清乾隆进士观保在王齐翰那幅原名为《挑耳图》的画作上所题之诗显得富于哲理："耳乃心之牖，耳聋心亦聋。蓄疑真似塞，纳善始为聪。妙义传天籁，微言悟圣功。丹青知此意，爬剔更加工。"

文人画的理论和艺术风格被自觉地运用到造园活动中去，营造了独具风格的文人写意山水园——沧浪亭。沧浪亭可以称得上是中国文人写意山水园的滥觞，不事雕琢，重在立意，营造了一座"真山林"。在这样一种语境中，主体与客体之间的对立关系在一种自相矛盾和错综复杂的状态中得以溶解，单体化的个人与整体性的自然达成了融合。

乌有园
第三辑
观想与兴造

28

ARCADIA
VOLUME III
2018

体宜两辨[1]

张翼

《兴造论》的『四字诀』之一

计成在《园冶·兴造论》中提出：

> 园林巧于"因""借"，精在"体""宜"，愈非匠作可为，亦非主人所能自主者，须求得人，当要节用。"因"者：随基势之高下，体形之端正，碍木删桠，泉流石注，互相借资；宜亭斯亭，宜榭斯榭，不妨偏径，顿置婉转，斯谓"精而合宜"者也。"借"者：园虽别内外，得景则无拘远近，晴峦耸秀，绀宇凌空，极目所致，俗则屏之，嘉则收之，不分町疃，尽为烟景，斯所谓"巧而得体"者也。[1]47-48

"体""宜""因""借"四字，可谓对中国造园核心原理的精妙阐释。

"四字诀"中，"因""借"两字作为造园的基本操作手段，是表意明确的动词。"因"可作依据、随顺解，如《商君书·更法》中"各当时而立法，因事而制礼"[2]7的用法，表明造园经营，总依据先在条件而选择操作方法，随势顺理；陈植先生注作"因缘"[1]49。"借"则更为明了，与现代汉语中"借贷"之"借"无异，《园冶》中单辟"借景"一篇，备言取景借胜之法；陈植先生注作"假借"[1]49，则又平添因凭之意。

相比之下，"体""宜"二字的表意则不甚明了，陈植版《园冶注释》分别注为"体——体制、规划、计划、意图、意境之意"与"宜——合宜、适宜、适合、符合之意"[1]50，前者宽泛有一网打尽之意，后者则不止一次在解释中出现了宜字。而在释文中可见"得体适用"[1]48的翻译，其中"得体"原本就属借字解字，无法道出"体"之所存；而"适用"的解释则更将造园理景的标准附会于功能。可见对这两字注释之难。

此外，"精而合宜""巧而得体""精在体宜"及"巧于因借"等语中提及的"精"与"巧"究竟是精确的描述还是宽泛的修辞？

---

[1] 本文原发表于《城市空间设计》2016年第1期，本篇基于跟进的研究，对部分文献的索引和分析进行了调整和勘误，并在原文讨论的框架下增加了中国古代画论的相关内容，进一步丰富了论证的材料。

之二

『因而宜』的要素操作

本文拟详细考察"四字诀"在《园冶》通篇论述中的所指，并在一些经典的哲学、文学、艺术的传统论著中进一步追寻"体""宜"的普适性表意，尝试充分诠释"四字诀"原理的要义，并为造园实践提供更有效的帮助。

与陈植先生类似，张家骥先生也将"宜"解作"合适，适宜"，"合宜"则解为"合乎事物的功用与要求"[3]164，这些都将对"合宜"的诠释指向了实用性原则。实用固然重要，但这似乎将造园要领从景致经营陡然转向对功能需求的实现，纵观《园冶》全文，这也绝非计成阐释的重点。

"宜"在《说文》解作"所安"[4]340也；《增修互注礼部韵略》作"适理也"[5]；《尔雅·释诂》作"事也"[6]42，那么前文中所引《商君书》中"因事而制礼"的"因事"，正巧表达了"因—宜"的意义了。那么"合宜"姑且可解为"合其事"，而"适理"中本身就带了"合"的意思。到这里，"事"和"理"的所指就非常重要了，字面上并不必然关乎功能。我国既往对《园冶》的解读大概被注入了过多先在的建筑学思维。

既然《兴造论》中提出"合宜"是"因"的结果——那么"事"与"理"就应该跟在"因"字后面，这也应了《商君书》中"因事而制礼"的说法了。回到《兴造论》本文，"事"当指"基势之高下""体形之端正"；"理"或为"碍木删桠""泉流石注"。

"基势"和"体形"是否可视为造园者下手前的先在条件呢？如果答案是肯定的，那么"宜亭斯亭，宜榭斯榭"[1]中对建筑形式的选择，就不来自建筑自身，而来自对先在条件的评估和判断。作为描述造园的核心动词，"因"指的就是对先在条件进行评判，继而做出的选择或应变的操作就是"宜"了——正合成语"因地制宜"之义。

《园冶》正文中"宜"字大致可分三种用法。

第一种是直白表达"应该""最好""建议"，措辞尺度与设计规范条目中的"宜"相近，如"鹅子石，宜铺于不常走处"[1]198；"内室中掇山，宜坚宜峻，壁立岩悬，令人不可攀。宜坚固者，恐孩戏之预防也"[1]213等。这类用法多为阐释技术要点，与造园原理关联有限，此"宜"当非四字诀中之"宜"。

第二种则直接与造园操作相关，如仔细品味，甚至有动词的味道。如谈相地有"院广堪梧，堤湾宜柳"[1]60；谈掇山有"宜台宜榭，邀月招云；成径成蹊，寻花问柳"[1]206；谈立基有"高阜可培，低方宜挖"[1]171，等等。梧、柳、台、榭、径、蹊、培、挖之"宜"，或为花木要素，或为建筑要素，或为地形改造的手法，不独以自身特征为标准，其选择都须顺应院、堤、月、云、花、柳、高、低的"因"，这也是"合宜"所遵循的"事"或"理"——是之谓"事"出有"因"。

这种"因而宜"的机制为造园的操作提供了有效的时间秩序——无论是我们今天所称的"设计"还是更匹配造园特征的"经营"，都是从设计者或"能主之人"对操作对象的预判和筹划开始的，是针对未来的实践过程。在这一过程中，在时间上因循已知对于运筹未知而言非常重要。如李笠翁在《闲情偶寄·窗栏第二·取景在借》中描述的营园过程：

> 盖因善塑者肖予一像，神气宛然，又因予号笠翁，顾名思义，而为把钓之形；予思既执纶竿，必当坐之矶上，有石不可无水，有水不可无山，有山有水，不可无笠翁息钓归休之地，遂营此窟以居之。是此山原为像设，初无意于为窗也。后见其物小而蕴大，有"须弥芥子"之义，尽日坐观，不忍阖牖。[7]203

这里造园者对"因而宜"的时间逻辑的梳理异常酣畅：因笠翁之名而宜独钓之像，因独钓之像而宜石矶之形，因石而宜水，因水而宜山，因山、水、笠翁皆俱有宜房舍，而那壁上之窗却不因房舍，独因山水得宜，李笠翁如此描述"山水图窗"的要点：

> 凡置此窗，进步宜深，使坐客观山之地去窗稍远，则窗外之廊为画，画内之廊为山，山与画连，无分彼此，见者不问而知为天然之画矣。[7]203

"进步宜深"的"宜"恰是"精而合宜"之"宜"，进深之宜，因山，因画，却从未因窗自身。这与计成对建筑形态的讨论如出一辙，《园冶·屋宇·廊》中这样论述那看起来曲折莫测的廊：

> 廊者，庑出一步也，宜曲宜长则胜。古之曲廊，俱曲尺曲。今予所构曲廊，之字曲者，随形而

弯，依势而曲。或蟠山腰，或穷水际，通花渡壑，蜿蜒无尽，斯寤园之"篆云"也。[1]91

"曲"与"宜曲"的差别，是古代用曲尺形规范一切廊形与文人造园随形依势获得各异廊形的差别，就如李渔因山宜窗而入画境，计成因山腰、水际诸形势而令廊"宜曲宜长"，得篆书形。而对建筑类型的选择，似乎也与类型本身无关，《园冶·立基·书房基》里有：

> ……如另筑，先相基形：方、圆、长、扁、广、阔、曲、狭，势如前厅堂基余半间中，自然深奥。或楼或屋，或廊或榭，按基形式，临机应变而立。[1]75

在这里，"书房"仅描述行为而非建筑类型，而楼、屋、廊、榭的类型选择则因循基形而定，这与西方建筑学的自明性原则大相径庭。同理，计成也从未对园中树形进行本体评判，从而既不会将其付诸诸特尔式的几何园艺，也绝不会从事自然崇拜的物种保护——"古木繁花"还是"碍木删桠"？事出有因而已矣。这或许构成了中西方造园理论中对造园要素品类评价的核心差异，或许也是所谓"设计"与"经营"的差异。

在"因而宜"的经营过程中，并不区分设计前的场地与设计后的成果。如笠翁营园的过程中，既已合"宜"的造园要素同时也可以是其他要素的"因"，在这种交织的"因—宜"关系中，造园成为一种永无终结的不断评估和调整的经营过程。李渔因像而营园，却将那曾为启动机制的像抛诸脑后，尽日对着山水图窗出神。造园时清晰酣畅、环环紧扣的时间逻辑，在游园中竟一时散去，因果难辨。诚如计成因见"泉流"而置"石"以"注"之的手法描述，一旦置于"清泉石上流"的诗境之下，便再难拆解主从，而依笠翁的演绎法，此处或可有"明月松间照"之松景相宜吧？松间恐怕也不难经营出赏月听泉的亭、台、几、席来。更有趣的是，那些作为"因"的要素与堪为"宜"的要素看起来多无品类区别，在文中或园中甚至可以对调互换，故计成在谈因与宜时提

到 " 互相借资 "，从而令营园逻辑不止基于简单的线
性秩序，更能进入循环往复的错综境界。故而 " 合宜 "
的 " 合 " 字精妙，表明了一种相互关系，于是才有了
" 高卑无论，栽竹相宜 "[1]62、" 构合时宜，式征清赏 "[1]110
种种……淡妆浓抹，总归是两相合宜。

　　一个需要指出的关键是：" 合宜 " 的对象都是造
园操作的对象，都是构园的要素，是这些要素构成
园——换言之，造园者通过 " 因而宜 " 的过程构建
了作为园本身的全部存在。

　　尽管整个过程方法明确，但在错综循环的 " 因—
宜 " 关系中，很难基于一般分析法对要素在逻辑关
系中给出诸如主 / 客、强 / 弱、因 / 果等唯一的定义
和分类。无法如西式理论分别给出用 " 因 " 与 " 宜 "
定义的要素列表，这让计成的 " 四字诀 " 原理显得
虚玄宽泛，故而在《园冶》的绝大部分篇幅中，计
成都不断地反复示范着 " 因而宜 " 的操作。

　　许多描述经过简单的关键词置换，都可以获得
清晰的因—宜关系。如《园冶·相地》中：

　　高方欲就亭台，低凹可开池沼；卜筑贵从水面，
　　立基先究源头，疏源之去由，察水之来历。[1]56

　　所因者：高方、低凹、水面、源头、源之去由、
水之来历，所宜者：亭台、池沼、卜筑、立基；虽无
" 因 "" 宜 " 字样，但 " 从 "" 究 "" 疏 "" 察 " 赫然就是
" 因 " 字，" 就 "" 开 " 无异 " 宜 " 字。于是，" 虚阁荫
桐，清池涵月 "[1]60 可作 " 虚阁宜桐，清池因月 " 读；" 窗
虚蕉影玲珑，岩曲松根盘礴 "[1]60 可作 " 窗因蕉影玲珑，
岩宜松根盘礴 " 读；" 培山接以房廊 "[1] 可作 " 因山
宜以房廊 "；" 漏层阴而藏阁，迎先月以登台 "[1] 可作
" 因层阴宜藏阁，因先月宜登台 "……凡此种种，不
一一列举。这样的重构与行文遣词无关，是为了在
计成提供的 " 因而宜 " 的基本原理下重新还原造园
操作的初始秩序，从而尽可能涤清骈文文法对方法
阐释的干扰。

　　" 因而宜 " 的造园法则使得构园要素并不独立地
呈现自身特征，而是依据其所因不同而各合其宜，
从而纷呈出各异的形式。对此，往往产生一种由欣

赏自由形式所引发的美学误解。那些多变的要素形
式诚然是有美学价值的，但其形式不仅不源于 " 自
由 "，反而是 " 他由 " 的，其目的也往往不是美学本身。
这一点对游园者也许无足轻重，而于造园者却至关
重要。

　　" 宜 " 字在《园冶》中的第三种用法则从字面上
脱离了与 " 因 " 的关联，如《园冶·立基》中有：

　　筑垣须广，空地多存，任意为持，听从排布；
　　择成馆舍，余构亭台；格式随宜，栽培得致。[1]71

　　以及《园冶·屋宇》中有 " 方向随宜，鸠工合见；
家居必论，野筑惟因 "；《园冶·掇山·洞》中有 " 上
或堆土植树，或作台，或置亭屋，合宜可也 " 等不胜
枚举。

　　这类无 " 因 " 的 " 宜 " 字有两类可能的理解：第
一类是作为泛论，可因者多，故不一一列举，那么 " 合
宜 " 或 " 随宜 " 就表达一种 " 当有因而宜之 " 的含义，
可以视作上述第二种用法的变体；第二类是 " 宜 "
字本身构成了可作为评价标准的具体、确定的表意，
那是一种怎样的标准呢？需要参详 " 体 " 的意义一
并讨论。

之三

『借其体』的选裁标准

与"宜"字在《园冶》中的大量出现恰成反照，在《园冶·兴造论》以外，"体"字只出现了两次：一次是《园冶·相地》中的"相地合宜，构园得体"[1]56，直言合宜得体，表意经典，但以"得体"固难释"得体"之本义；另一次是在《园冶·选石·灵璧石》中的"石在土中，随其大小具体而生"[1]230，描述灵璧石的生成，似无关于造园原理。

"体"在段玉裁的《说文解字注》中解作"总十二属也"[4]166，盖言头、身、手、足的肢体分类。在引申"体"字的含义之前，这里呈现了两个基本概念：其一，作为实体；其二，作为分类。

作为实体的概念比较容易理解，如物体、身体等，董豫赣先生就曾阐释过"得体"直接关乎"身体"的一层含义。将"体"解作实体，则一切可体验的园林要素就都可以作为实体而归入此范畴，这与童寯先生"造园三境界"[2][8]8中的"眼前有景"异曲同工："有景"和"得体"都没有对"景"和"体"作如"得宜""尽致"的先在评判，于是"有"和"得"就成为非常了当的操作手段，甚至连"借景"也可以等同于"得体"了，这种了当，对造园实践而言直接而有效。

在操作之外，如果要在"体"中获得评价高下的标准，则需要在它作为分类的抽象含义上下功夫。"体"在诸如"文体""画体""书体""字体"等艺术中描述其在某一方向上有别于其他方向的、具有差异性分类的核心特征，如字体分楷、行、草、篆，楷书在书法中又分颜、柳、欧、赵各体……如张彦远在《历代名画记·卷一·叙画之源流》中对字学的分体"按字学之部，其体有六：一古文，二奇字，三篆书，四佐书，五缪篆，六鸟书。"[20]27虽不尽然，但表义上有类似"风格"或日本所谓"样"的味道，如郭若虚在《图画见闻志·叙论》中曾提出的"曹吴二体，学者所宗……曹之笔，其体稠叠而衣服紧窄"[20]60中对"体"的所指。而关乎文章布局框架的"体裁"一词则进一步明晰了此类含义，"裁"恰有鉴别、取

舍之义，如郭若虚有"先君少列，躬蹈懿节，鉴裁精明"[20]52的用法。在艺术之外，如"国体""政体""体制""体统"等之"体"，皆关乎分类，不多赘述。

需要特别指出的是，那些被称为"体"的分类都是先在的，而非在操作过程中形成，这与"因而宜"的应变机制恰成反照——于是有必要仔细分辨一下"四字诀"中"借"之所指。

《园冶》中专开《借景》一篇，堪称中国造园最经典的手法。且"借景"一说贯穿通篇，并不限于《借景》一篇，如《园冶·立基·书房基》有：

内构斋、馆、房、室，借外景，自然幽雅，深得山林之趣。[1]75

以及《园冶·相地》有：

倘嵌他人之胜，有一线相通，非为间绝，借景偏宜；若对邻氏之花，才几分消息；可以招呼，收春无尽。[1]56

在这里，"外景""他人""邻氏"等语都指向一个有趣的问题：借景一定是借园外之景吗？如果仅指外景，那么，由"借"所得之"体"也仅在园外了——这倒是与针对构园要素实施操作的"因"字形成鲜明的对仗关系。但是，如果以园外借景作为结论了结这个话题，也就令那经典的借景手法抛弃了诸多园内景致的营造，实为憾事；相比之下，去探索"借"字对造园理景更普遍的操作意义将更有益处。

那更普遍的意义，或许正与"体"的先在性有关。《园冶·掇山》中有"时宜得致，古式何裁"[1]206的论述，前段明言合宜，后段之"裁"恰如明代杨慎《升庵诗话》中评萧东之《古梅》"甚有风裁"[9]中之"裁"，是"体裁"之裁，备言其体，而"裁"字则更明确地表达了取舍选择之义。前文已讨论过"体"作为分类的先在性及差异性——先在性令其在操作中很难被改变，而差异性则决定了其独特的一面。那么，针对"体"所能执行的操作似乎就只有通过取舍，也就是"裁"来强化其独特性，就如顾恺之在《魏晋胜流画赞》中谈到的体—裁关系："二婢以怜妙之体，

---

[2] 三境界为："疏密得宜""曲折尽致"和"眼前有景"。

有惊剧之则。若以临见妙裁，寻其置陈布势，是达画之变也。"[20]348那么"古式何裁"中的"古式"就如"得景随形"[1]56中的"随形"，恰是先在的特征，其中"随形"在篆刻的石形品鉴中应用更为广泛，也是描述其先在性特征的。诸如《园冶·门窗》中的"佳境宜收，俗尘安到"则与《园冶·兴造论》中的"俗则屏之，嘉则收之"异曲同工，直言取舍，后者不正是《兴造论》中对"借""体"两诀的经典论述吗？

回到借景内外的问题，所借是园内之景还是园外之景已经不那么重要了，计成之所以屡屡言及外景，恰恰由于园内营景总有被穿凿塑造的余地，而园外之景则别无他法，能做的就只有解读其独特性并加以取舍——那正是"得体"的核心要义。这解释了为什么在《园冶·相地》一章里与借景有关的论述最多，恰因相地的对象是先在的地形特征，所谓"园基不拘方向，地势自有高低"[1]56；"探奇近郭，远来往之通衢；选胜落村，借参差之深树"[1]56，城市乡村，各有取舍。

于是，就可以理解《园冶·借景》的古怪之处：除开篇"构园无格，借景有因"的总论外，竟再不提借景当如何操作。《借景》通篇都是对不同景致的特征描述，如：

> 林皋延伫，相缘竹树萧森；城市喧卑，必择居邻闲逸。[1]243

可见山林、城市之体相异。再如：

> 南轩寄傲，北牖虚阴；半窗碧隐蕉桐，环堵翠延萝薜。俯流玩月；坐石品泉。芒衣不耐凉新，池荷香绾；梧叶忽惊秋落，虫草鸣幽。湖平无际之浮光，山媚可餐之秀色。寓目一行白鹭；醉颜几阵丹枫。眺远高台，搔首青天那可问；凭虚敞阁，举杯明月自相邀。[1]243

除高台、虚阁常借外景外，南轩、北牖、半窗、环堵无不可园内借景。内外有别，但山水之体无异；同为借景，但其所取舍又千差万别。如果目标只是让人能获得景而无高下评判，那似乎就太容易完成了。所以计成一直在品鉴可借之景，一直在示范如

何捕捉景致的特征，并匹配可能与之相应的"先在意象"，于是句句入典，皆有出处，诚如彦悰在《后画录》中所云："模山拟水，得其真体。"[20]382其实，计成一直在谈的是景致的"体"而不只是景致本身，谈的是先在的特征，所以《园冶·借景》中强调"目寄心期"，强调"意在笔先"，这样意在笔先的得体之法，在中国艺术中或为共识，如荆浩在《山水节要》中提道："其体者，乃描写形势骨格之法也……意在笔先。"[20]614有了"期"有了"意"，能主之人才能从原本自在的景中看到它的"体"，才有了"俗"与"嘉"的价值判断；继而或"屏之"或"收之"，已不在话下，这才是"借"。操作上，多选裁而少造作，故不用"造"、不用"营"、不用"图"，而用"借"，是很精准微妙的描述。

综上，与其说是"借景"，不如说是"借其体"，经由选裁的"借"而致"得体"的景，是应高于自在的景的，这当是文人造园的意义，诚如计成所言："夫借景，林园之最要者也。"[1]247

仁体 礼仪 体变 体用 正体
义宜 仪 变 用 中
：

"四字诀"中提供了"因而宜"与"借其体"两套法则：前者依先在条件为构园要素赋予形式与位置；后者品鉴景致的先在特征并加以选裁。

两套法则的共性是它们都追随某些先在的因素，这使得《园冶·相地》一篇成为汇聚了最多经典要诀的章节，因为地形是绝对先在的，所有造园操作都由此启动，相地不只是对地形的评估而已，它提供了所因与所借，也就有机会直达合宜、得体的造园境界。

两者的差异是前者先确定操作后获得形式，而后者先取得形式判断后决定操作取舍，它们的对象或有交叠，但两套法则不能互相取代。这构成了造园行为的一体两面，如《园冶·相地》直言"相地合宜，构园得体"；《园冶·屋宇》有"探奇合志，常套俱裁"；以及"亭安有式，基立无凭"，"有式""无凭"皆备言得体、合宜之对仗。

放眼《园冶》的园学论述之外，体、宜两诀尚有更宽、更深的文化表义。

尽管《园冶》中对"体"提及有限，但在中国儒家论著中，"体"字却是非常热门的关键词。《中庸》中有"体物而不可遗"[10]313以及"体群臣"[10]328等语，"体"作动词，"体物"与"格物"有相通处，都有认知、推究以及分类、定品的含义。好似谢赫对顾恺之"格体精微"[20]360的评价；裴孝源在画论《贞观公私画录·序》中也有"宓牺氏受龙图之后，史为掌图之官，有体物之作"[20]16的说法，亦可见"体物"之说应用范围之广。王阳明《传习录》中有"性是心之体，天是性之源，尽心即是尽性"[11]135之说，"性"作为事物不可改变的先在特征，以为王氏心学之体，所言当非"实体"，而应是"本体"，而他对《大学》"止于至善"的诠释恰是"至善是心之本体"[11]29。这里的"体"与计成的"体"有着同样的特征性和先在性，计成的"俗则屏之，嘉则收之"的得体裁度，无异于儒家得体的"止于至善"及心学中"尽性"的"性""情"区分。

对于"宜"，《大学》《中庸》皆引《诗》之"宜"，"宜其室家""宜其家人""宜兄宜弟""宜民宜人"[10]。

这里的"宜"正合《说文》"所安也"正解，从"一"在地面之上，从"宀"在屋顶之下，两者相合，正是安居之所，两者都无法单独呈现意义，而须与对方相因而成。这也应是"宜"的本意，《增韵》"适理也"与《尔雅》"事也"的引申也都携带着类似的相因而成的意义，亦不失计成"合宜"的正解。

验之于画论，韩拙在《山水纯全集》中最爱用"宜"字，如"至于寒林者……宜作枯梢老槎，背后用浅墨软梢之木，相伴和为之……林罅不用明白，尤宜烟岚映带……"[20]668，荆浩《山水节要》也有"远则宜轻，近则宜重"[20]614，以及"春宜画燕雀黄莺，夏宜……秋宜……冬宜……"[20]674种种，画论中更经典的"宜"字诀在王维的《山水诀》：

> 主峰最宜高耸，客山须是奔趋……渡口只宜寂寂，人行须是疏疏……平地楼台，偏宜高柳映人家……酒旗则当路高悬，客帆宜遇水低挂。远山须要低排，近树惟宜拔迸……[20]592

表达的都是某种匹配关系。而诸如文震亨论画"或高大不称，或远近不分，或浓淡失宜"[20]137之说，以及李成"重岩切忌头齐，群峰更宜高下"[20]617的论述，则更是在诸如浓淡、高下的二元参照中相因而求"宜"的写照。

由此看来，谢赫评陆探微"穷理尽性"[20]356，其实这里的"穷理""尽性"，与计成的"合宜"与"得体"应是共本同源的。

不止于此，儒家体、宜更与仁、义、礼、仪相关。朱熹为《中庸章句》注有"仁者，体之存"[12]34以及"义者，宜也"[12]28之语；《传习录》中亦有"以其全体恻怛而言谓之仁，以其得宜而言谓之义"[11]204，可见体、宜与仁、义的对应是有普遍共识的。而《释名》则有"礼，体也，得其事体也"以及"仪，宜也，得其事宜也"[13]。一旦与这些更广泛、更稳定的价值标准相接应，体、宜要诀就可以基于更深厚和更具普适性的文化背景来被讨论和理解——当然，这也伴随着降低其指导具体造园有效性的风险。但若姑且以此为代价，有些蹊跷似乎又可回到讨论，如《园冶·立基·门楼基》的一句：

> 园林屋宇，虽无方向，惟门楼基，要依厅堂方向，合宜则立。[1]74

园林屋宇的无定向在"因而宜"的标准下本无疑义，那门—厅相应的规则又如何而来？"虽……惟……"的句式既已道明了两者的矛盾，那么"合宜则立"其所宜者究竟是什么？若如常理与前者接应，计成为什么要强调门—厅堂之事？而且在《园冶·立基》中也有"选向非拘宅向，安门须合厅方"的论述，反复重申，这恐怕不是计成反对的做法。如果参考因礼而宜之事，这样的搭配似乎可以推敲：《庄子集释》中引宣颖言解释《逍遥游》中"大有径庭"语，就提到"径，门外路；庭，堂外地"[14]14，径、庭、门、堂的组合对应古已有之，这是否与礼仪相关呢？当然这需要更详尽和严谨的论证，本文未作专论，仅就此题提出问题，抛砖引玉而已。

《文心雕龙》中对"体"的直接讨论在《文心雕龙·体性》中：

> 体式雅郑，鲜有反其习：各师成心，其异如面。[15]279

在这里，"体"与"式"相应，有如"亭安有式，基立无凭"中的"式"，《园冶》此句又与《文心雕龙·熔裁》中"立本有体……趋时无方"[15]314的论述如出一辙，以及《文心雕龙·变通》中"体必资于故实"[15]291等；在这里，"体"描述了最核心的不可变的特征以及价值判断——"雅""郑"之分，恰如《园冶·兴造论》中的"俗""佳"之别。再有如"文以气为主，气之清浊有体，不可力强而致"[15]287中之"清""浊"，不胜枚举；如沈括在《图画歌》中评价"江南董源僧巨然，淡墨清岚为一体"[20]45中的"体"也是对类似特征的描述。另《文心雕龙》中也有"故宜摩体以定习，因性以练才"[15]283的"体""性"相应，前文已述，"性"恰是儒家思想中对先在的决定性特征的描述。这些或许也是对计成之"体"对症的诠释。同理，也就不难理解郭若虚在《图画见闻志叙论》中有"画花果草木……咸有出土体性"[20]58，以及

"画山石者……落笔便见坚重之性"[20]57之类的特征表述了。

在其他语境中的"体"，刘勰则清晰地表明了其分类特征，如《文心雕龙·论说第十八》中有：

> 详观"论"体，条流多品：陈政，则与"议""说"合契；释"经"，则与"传""注"参体；辨史，则与"赞""评"齐行；铨文，则与"叙""引"共纪。[15]182

再有如《文心雕龙·书记第二十五》有：

> 夫"书记"广大，衣被事体，"笔札"杂名，古今多品。是以总领黎庶，则有"谱""集""薄""录"；医历星筮，则有"方""术""占""试"；申宪述兵，则有……[15]259

一旦论及"体"，其实就是在谈分类，以及每一类的特征，而行文的要点，也正是基于这些类所属的差异性特征而获得，由此"体"又可以成为"宜"的所因，故有如下之说，因体而得宜：

> 详总"书"体，本在尽言，言以散郁陶，托风采，故宜条畅以任气，优柔以释怀。[15]257

《文心雕龙·议对第二十四》中"故其大体所资，必枢纽经典，采故实于前代，观通变于当今"[15]245的议论也充分点明了"体"作为标准的先在性，而"通变于当今"则可视作对"宜"的应变操作以及即时性的描述，恰如《园冶》"时宜得致，古式何裁"中"古式"与"时宜"的时间性对仗。而刘勰恰用"裁"来诠释"制"[15]263，那应是《园冶》中"或宜石宜砖，宜漏宜磨，各有所制"[1]148的"制"，"宜"何曾有制？因体而宜时自当有制。在刘勰的讨论中，"体"与"变"的对仗绝非孤例，多有如"昭体，故意新而不乱；晓变，故辞奇而不黩"[15]289、"循体而成势，随变而立功"[15]301的比较分析，从明代的宋濂在《画原》中"神而变之，化而宜之"的说法中也能看到"变"就是"宜"；更有《文心雕龙·通变第二十九》的详加阐发：

> 是以规略文统，宜宏大体。先博览以精阅，总纲纪而摄契；然后拓衢路，置关键，长辔远驭，从容按节。凭情以会通，负气以适变。[15]296

那"凭而会""负而适"的操作，不正是计成园论中的"因而宜"吗？有趣的是，刘勰提出"议"就是"宜"："'议'之言宜，审事宜也。"[15]241 这种"审事而宜"的就事论事的写作方法与前文讨论的"因而宜"的造园方法可谓异曲同工。

与《文心雕龙》中的"体—变"关系类似，《周易集解纂疏》也有以变为宜的论述：

通其变，使人不倦。神其化，使人宜之。[16]4

但相较而言，李道平更多地以"体—用"来表达类似"体—宜"的关系。如解"乾"卦中"乾，健也"一句，撰者就提到"言天之体，以健为用"[16]27 以及"乾始统天，言其体也。乘龙御天，言其用也"[16]37。这里的"体"指特征，如"需"卦中有"乾体刚健"[16]113 等，在《周易》中出现频率很高。另一类"体"是特指具体的卦象，如《既济》卦中有"内体离，离两阳一阴之卦也"[16]529，有动词味道，与儒家"体物"的用法类似。"用"在《周易集解纂疏》中有两解。其一当"行"讲，如"乾"卦中"初九，潜龙勿用"中解"用"字为"是以君子韬光待时，未成其行，故曰'勿用'"[16]28，泛言行事、作为；其二当"变"讲，"用九。见群龙，无首吉"一句解"用"字为"六阳皆变，故曰'用九'"[16]35，此"用"与《文心雕龙》中的"通变"无异，可归为对"宜"的应变操作的佐证。体—用的对仗应用很广，如张之洞《劝学篇》中提出"旧学为体，新学为用"[17]121——前者指先在的故有特征，是为"得体"；后者指针对具体问题的通变，可称"合宜"。画论中韩拙有"性者天所赋之体，机者至神之用"[20]684 的说法，不仅将"体""用"相对，还申明了儒学中"性"与"体"的渊源，又有如荆浩《山水节要》中"初入艰难，必要先知体用之理"[20]614，韩拙"自然体也，人事用也"[20]676 等等不胜枚举。

此外，《周易》中还有一组重要的品评标准——元、亨、利、贞，颇堪与体宜的视角相参详。李道平引《子夏传》中的解释：

元，始也。亨，通也。利，和也。贞，正也。[16]27

其中前两诀非常明了："元"表达了先在的时间性概念，这是"体"的特征；"亨"描述了通变的过程，可通"宜"义。"利"的表意很有趣，《周易集解纂疏》引《说文》解为：

许慎《说文》"利从刀，和然后利，从和省"，是"利"与"和"同文。[16]28

利、和都有二分之而居中的含义，故《中庸》有"致中和，天地位焉，万物育焉"[10]289 的说法。因《乾》卦中"九二""九五"分别作为内外两卦居中的一爻，故都评以"利"字：

九二。见龙在田，利见大人。[16]29

九五。飞龙在天，利见大人。[16]33

李道平解九五之利，谈到"备物致用，以利天下"，以"用"释"利"，居中为用也是文人常理，王阳明的《大学问》中也有"随感随应，变动不居，而莫不自有天然之中"[11]147，是以"变"而得"中"；最经典的如"中庸"本义就是"用中"，而"利用"一词在现代汉语里仍极常用，故"利"可归为"宜"类。"贞"表示正位，各卦六爻，一三五奇数为阳位，二四六偶数为阴位，阴阳各居其位就是正位，是"贞"，反之是失位，《周易》中称卦象为体，所谓"正位"，不正是"得体"？以此观之，清雍正皇帝在养心殿所题的"中正仁和"四字，各有明晰的或是得体、或是合宜的意向。《传习录》中也提到"精一之功固已超人圣域，粹然大中至正之归矣"[11]27，"大中至正"亦是中国文化传统中普遍的体宜理想。

之五

从「拘率」到「精巧」

《兴造论》中另有一句评述值得推敲：

> 故凡造作，必先相地立基，然后定其间进，量
> 其广狭，随曲合方，是在主者，能妙于得体合宜，
> 未可拘率。[1]47

其中"拘""率"二字颇堪玩味。"拘"，陈植释为"拘泥"[1]48，张家骥扩展为"拘泥于形制"[3]9；"率"，陈植释为"草率"[1]48，张家骥扩展为"不顾法式"[3]9。两者恰成反照，当非泛指，应是与得体、合宜的标准相对应的。

"体"的先在性与强烈的分类性特征使其不被改变，有式，有制，对它的操作也只能借之、裁之、收之、屏之。因此，若缺判断力而欲求得体，或佳俗不辨，或困于成法，很容易陷入"拘"的境地，如谢赫评毛惠远"泥滞于体，颇有拙也"[20]361，也就是董其昌所指的"隶体耳"[20]91。相比之下，"宜"的不自明及因变特性又使其毫无定型，只能通过讨论他者而获得所宜之形。因此，若缺机敏的应变而欲求合宜，或牵强附会，或求奇无凭，又总失之于"率"。《园冶》中常提及的"古式"与"时宜"、"有式"与"无凭"、"常套"与"探奇"种种，无不牵涉这两极的危险。

尽管《园冶》中仅此一提，但"拘—率"却是中国艺术讨论的普遍话题。画论中谈"拘"者极多，如韩拙说"笔路谨细而痴拘，全无变通"[20]675，是谈拘而失宜；谢赫评张墨、荀勖"若拘以体物，则未见精粹"[20]357更直接将"拘"与"体"相应；唐志契在《绘事微言》中分别有"山水原是风流潇洒之事，与写草书行书相同，不是拘挛用工之物"[20]737、"又常见有为俗子催逼，而率意应酬者，那得有好笔法出来……"[20]737的论述，是同一文中拘率相较的例子。

与此相对，"精""巧"二字则刚好道出了得体、合宜的佳境。从"园林巧于'因''借'，精在'体''宜'"一句中，"精""巧"似乎并不分别针对"体""宜"，操作求巧，而标准求精，表意清晰。但推敲"精而合宜"与"巧而得体"两句，又当有所对应，关键性的问题是，那个"而"字究竟是表达因果还是转折的？

《说文解字注》中"精"解为"择"[4]331，本义为择米，引申为"取好"之义，恰应和了"俗则屏之，嘉则收之"的得体标准。《传习录》中有"至善是心之本体，只是'明明德'到'至精至一'处便是"[11]29之语，以"精"为本体标准；《周易集解纂疏·纳甲应情》中提到"其气精专严整，故为廉贞"[16]23，"精"也与述体之"贞"对应；《文心雕龙》里有"至精而后阐其妙，至变而后通其数"[15]277，"精"恰与表达"宜"的变通相反，亦可见"精"是对应"体"的。郭若虚在《图画见闻志叙论》中亦有"甄明体法，讲练精微"[20]52的对应，以及姚最评刘璞"体韵精研"[20]371。而参考《周易》中对"利"的阐释，张彦远评陆探微"精利润媚"[20]36，亦似有"体""宜"相称的味道。

《说文解字注》中"巧"解为"技"[4]201，从"工"，这正应对了"宜"的操作性。白居易《大巧若拙赋》是对"巧"字最切题的讨论，其"随物成器，巧在乎中"[18]6677之韵提纲挈领，"随而成"不正是"因而宜"的操作？"巧在乎中"的"中"，不正是《中庸》之"用中"、《周易》之"利"？那么"信无为而为，因所利而利"[18]6678中的"因而利"也就是"因而宜"了；"亦犹善从政者，物得其宜；能官人者，才适其位"[18]6678之语更直言"宜"字。

"精"是得体的特征，"巧"是合宜的结果。但造园操作无论只求得体或专工合宜都是不足的，那样很容易陷入或拘或率的困境。所以《园冶》里讲"有工而精，有减而文"，关于门窗则有"工精虽专瓦作，调度犹在得人"，皆为避免因过分强调一面而导致的拘率问题。《红楼梦》第十七回评价造园非常精到：

> 古人云"天然图画"四字，正畏非其地而强为地，非其山而强为山，虽百般精而终不相宜。[19]233

"强为"就是为定式所"拘"，即便能"精"，一旦远离了"合宜"的标准，也难堪佳品。《大巧若拙赋》中则提到：

> 众谓之拙，以其因物不改；我谓之巧，以其成功不宰。[18]6678

"因而宜"的应变如能做到"因而不改"，则必

乌有园

第三辑

观想与兴造

38

ARCADIA
VOLUME III
2018

能免"率"。综上,"精而合宜"与"巧而得体"的"而"表意转折,在这种对立的控制下,宜而能精则不率,体而能巧则不拘,是非常理想的状态,就如谢赫评吴暕"体法雅媚,制置才巧"[20]362一理。这种理想仍见于白居易的物—器寓言之中:

> 尔乃抡材于山木,审器于轨物。将务乎心匠之忖度,不在乎手泽之鬋拂。故为栋者资其自天之端,为轮者取其因地之屈。[18]6677

能有"为栋""为轮"之用是谓"合宜"之"巧",能保留其"端"或"曲"的先在特征,无愧"得体"之"精",体、宜、因、借,能成全精、巧二字,于造园之艺足矣。

参考文献

[1] 计成，著，陈植，注释. 园冶注释 [M]. 2版. 北京：中国建筑工业出版社，1988.

[2] 商鞅. 商君书 [M]. 石磊，译注. 北京：中华书局，2009.

[3] 张家骥. 园冶全释 [M]. 太原：山西人民出版社，1993.

[4] 许慎，撰，段玉裁，注. 说文解字注 [M]. 上海：上海古籍出版社，1988.

[5] 毛晃，增注，毛居正，重增. 增修互注礼部韵略 [M]. 北京：北京图书馆出版社，2005.

[6] 管锡华，译注. 尔雅 [M]. 北京：中华书局，2014.

[7] 李渔. 闲情偶寄图说 [M]. 王连海，注释. 济南：山东画报出版社，2003.

[8] 童寯. 江南园林志 [M]. 北京：中国建筑工业出版社，1984.

[9] 杨慎. 升庵诗话新笺证 [M]. 北京：中华书局，2008.

[10] 陈晓芬，徐儒宗，译注. 论语；大学；中庸 [M]. 北京：中华书局，2015.

[11] 王守仁，著. 施邦曜，辑评. 阳明先生集要 [M]. 北京：中华书局，2008.

[12] 朱熹. 四书章句集注 [M]. 北京：中华书局，2012.

[13] 刘熙. 释名疏证补 [M]. 北京：中华书局，2008.

[14] 郭庆藩. 庄子集释 [M]. 北京：中华书局，1982.

[15] 刘勰. 文心雕龙 [M]. 徐正英，罗家湘，注译. 郑州：中州古籍出版社，2008.

[16] 李道平. 周易集解纂疏 [M]. 潘雨廷，点校. 北京：中华书局，1994.

[17] 张之洞. 劝学篇 [M]. 郑州：中州古籍出版社，1998.

[18] 董浩，等，编. 全唐文 [M]. 北京：中华书局，1983.

[19] 曹雪芹，高鹗. 红楼梦 [M]. 北京：人民文学出版社，1982.

[20] 俞剑华. 中国古代画论类编 [M]. 北京：人民美术出版社，2000.

乌有园
第三辑
观想与兴造

40

ARCADIA
VOLUME III
2018

传统大木建筑中的结构与空间

朴世禹

绪论

在梁思成、刘敦桢及营造学社诸位前辈引领下，一代学人对我国古代建筑遗存进行了详实的测绘与调研，写出了大量调查研究报告，为中国建筑史及传统大木建筑的讨论打下了十分坚实的基础。除集中在对建筑遗产的描述与断代、历史的构建与风格的变化等方面的文献外，林徽因《论中国传统建筑的几个特征》与张良皋《匠学七说》分别从建筑构件的形成过程与对人类学资料的阐释两方面向木构建筑设计方向逼近；而徐伯安所著《我国古代木构建筑结构体系的确立及其原生形态》及张十庆《从建构思维看古代建筑结构的类型与演化》则从建筑结构体系的角度对木结构设计的演变进行了概括与抽象。傅熹年《宋式建筑构架的特点与"减柱"问题》及贾洪波《也论中国古代建筑的减柱和移柱做法》对于结构变动的讨论清晰透彻。但或因篇幅有限，上述文献对空间问题着墨不多。

而学界对建筑隐藏的设计问题的关注，也一直集中在用尺与建造工艺，对空间问题与设计缘由讨论较少。本文即希望通过比较分析经典案例，来讨论传统大木建筑中的结构设计与空间愿望。所选考察案例包含明显有结构变化特征的现存大木结构建筑。案例选取在地域上不设界限，包含中国南北方甚至日本在结构上有特殊性的案例，以探索在空间提出明确问题后大木结构设计的方式；时间上集中在中国宋辽金至明这一时期范围内，因这期间属于木构体系成熟后的变形期，建筑面临的问题比较直接，减柱、移柱等技术手段与解决方式不尽相同但具有探索性，在结构与空间匹配层面存在大量可研究的信息；而在建筑类型上除几个因明确的景致而对结构进行变动的园林建筑案例外，则以各地宗教建筑为主——尽管古代佛教寺庙改为道教宫观而更换像设、重塑像设或庙宇重建而像设不变等情况时常发生，给人一种中国建筑与像设关系并不紧密的假象，但宗教建筑毕竟面临的空间问题更为直接纯粹，更易于抽丝剥茧看到进行建筑设计时对于结构及空间的考虑，而在研究中也确实发现很多将像设

像　设
结　构：
细　微　处　的
建　筑　设　计

与建筑结构整体考虑而明确区分不同空间的例子。

在本文形成过程中，巫鸿《画屏：空间、媒材和主题的互动》从艺术史的角度深入讨论了传统艺术中对空间的理解，尽管着眼点在于理解绘画，对建筑结构并未进行讨论，但对理解古代宗教建筑的空间愿望及建筑对于其他艺术表现的协调有重要启发。东南大学葛明老师指导的硕士论文"结构法"系列研究（沈雯《关于空间与结构的设计方法——结构法初探：以框架结构为例》及孔德钟《关于空间与结构的设计方法——结构法初探：以坡顶结构为例》）中提供的结构与空间的讨论方法，以及彼得·埃森曼《建筑经典1950—2000》一书中的绘图方式为研究方式与研究框架的确立提供了巨大帮助。

从设计视角引入空间与结构关系的讨论方式去看待传统建筑，是对于传统建筑中有潜力的空间或结构的理解、分解与再创造之过程的开始。这刺激着我们明确建筑设计中的一些恒久不变的基本问题，重新思索面对同样的建筑问题过去有哪些解决方式，为什么有这些解决方式，并引导我们思索今后可能会出现哪些方式。正如梁思成在《为什么研究中国建筑》中所言：

> 研究实物的主要目的则是分析及比较冷静地探讨其工程艺术的价值，与历代作风手法的演变。知己知彼，温故知新，已有科学技术的建筑师增加了本国的学识及趣味，他们的创造力量自然会在不自觉中雄厚起来。

先对比一组有趣的设计。

慈氏阁位于河北正定隆兴寺，为北宋开宝四年（971）前后所建；观音阁则位于天津蓟县，现为辽统和二年（984）重建之形制。尽管学界按照朝代区分将观音阁视为辽构珍宝而仅将慈氏阁视为隆兴寺宋构中摩尼殿与转轮藏殿之陪衬，但二者地理位置相距七百余里，时间相距十三年，其观念、工艺以及结构发展程度难以出现重大差异，且二者均为带平座腰檐的歇山顶二层楼阁，其内也都容纳一座超尺度的观音像，要解决的两个问题——容纳观音像与楼阁稳定性——较为一致，故可以在此平行讨论。

从外观形制角度观察，除建筑在空间序列中的等级不同带来的开间数量与斗拱形制的差异外，二者与通常所见带平座腰檐二层楼阁（正定开元寺钟楼、保定慈云阁等）之重大差异在一层二层各有一处：慈氏阁较通常的带腰檐歇山顶二层楼阁其一层入口处多出带歇山披檐的一间抱厦，而观音阁则于二层平座明间处向前挑出形成一小段平台。除此之外，其外部与其他传统大木楼阁建筑所呈现出的形象极为接近。*fig...01*

不同于外观上表达出的相似性，其内部构架呈现出极为相异的状态：慈氏阁采用厅堂减柱造，后金柱为通柱，无结构暗层且下层施永定柱造；而观音阁则采用殿堂造金厢斗底槽式样，设平座暗层，暗层内设斜撑以维持平座稳定，并于暗层上部内槽处施四根抹角梁将平面抹成六角以加固暗层结构。

既然同样为展示其内超尺度之观音像，为何构架差异如此之大？如果仅从寺庙中空间等级的角度讨论结构形式，则只能得到厅堂造与殿堂造之间的应用规范而无法对当时的展示设计有所了解，也无法解释为何此处出现内槽抹角与永定柱造两种不同的结构加强操作，更遑论结构形式的选择对空间的帮助。而从结构形式与像设匹配的角度讨论，或许能看到更多。*fig...02*

乌有园
第三辑
观想与兴造

42

ARCADIA
VOLUME III
2018

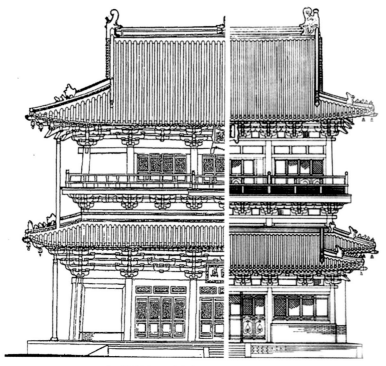

fig...01 立面拼合图。引自郭黛姮《中国古代建筑史第三卷》（中国建筑工业出版社，2009年）

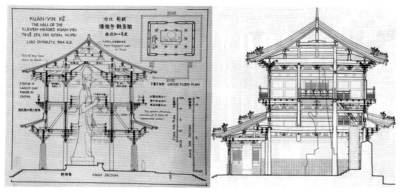

fig...02 剖面对比图。引自梁思成《图像中国建筑史》（生活·读书·新知三联书店，2011年）及《营造法式辞解》（天津大学出版社，2010年）

　　观察慈氏阁之剖面，除可发现厅堂屋架前金柱减去外，更为明显的一个特征是菩萨造像呈极度向前倾斜之态。而在减柱操作后，不落地的前金柱与大梁之间靠平盘斗相承，但两前金柱在楼板枋以下位置并无木枋相连接。这个去枋的操作配合造像的倾斜使得空间意图十分明显：在一层尽最大可能将菩萨的全身像进行全景的展示。为了更好地达成展示目标，其前方须留出一定的室内观察距离，这就使楼阁前加抱厦以扩大空间深度成了十分必要的空间操作——观察处须处于室内较暗的光环境中，以避免参拜者在外部亮处无法欣赏室内暗处像设。而减少联系枋的动作尽管使得全景的展示十分突出，但也导致了结构上屋架之间整体性不强。为解决这一结构问题，在不干扰视线的情况下，此处大胆运用了永定柱造：在阁身外附加一圈柱，运用其上斗拱与木枋将身内构架箍成一个整体，以维持屋身结构的稳定。为进一步减小结构对视线的干扰，永定柱造柱截面的调整则成为此阁结构中最为细致的设

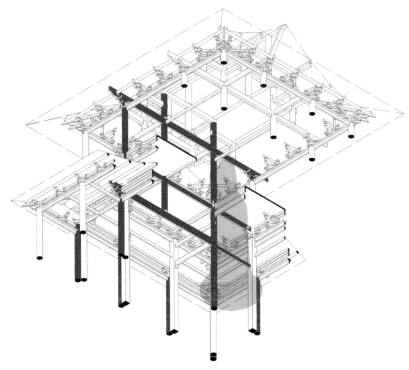

fig...03 隆兴寺慈氏阁剖切仰轴测图。作者自绘

计：位于立面墙内的八对柱截面选择为外圆内方，以求在内部观察时放大的方柱遮挡住外部柱头，而在外部观察时又显示出圆柱的常规做法；而在明间处永定柱的处理则刚好相反，将辅柱截面变小变方以求伪装成抱框，让人忽视其存在，以免分散对高大菩萨像的关注，从而使对该慈氏像的展示更为彻底而准确。fig...03-04

而当我们将视线转向与慈氏阁面临类似问题的观音阁时，我们会发现尽管在独乐寺中观音阁前巨大的月台似乎是为众人欣赏高大的观音像而设，但实际上由于室内外光环境的不同及其殿堂造的层叠逻辑，尤其是平座暗层的存在，人们不仅在月台难以看到观音像，即使进入阁内，在一层也难以有合适的视角观察其全身。似乎对于高大的造像展示，慈氏阁在结构与空间上的设计已经做出了十分巧妙的示范，但为何十三年后的独乐寺观音阁重建中并未采用慈氏阁的方式？既然于一层处的空间与结构并无针对佛像的特殊设计，而外部的平座出挑、内部的斜撑抹角均是分层后针对二层的操作，加之不同于慈氏阁中将楼梯藏于菩萨像背后的设计——观音阁中向上的楼梯直接朝前置于显眼位置，那么不妨大胆猜测，一层与平座仅仅作为另一种台基负责抬高参拜者的

fig...04 隆兴寺慈氏阁木观音雕像。作者自摄

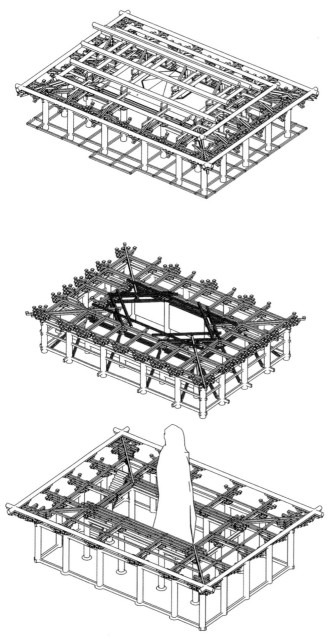

fig...05 独乐寺观音阁分解轴测图。作者自绘

视点，而此阁的空间设计重点在于平座之上的二层：平座于明间出挑的平台不仅仅让使用者可以从室内走出远眺，抑或容纳更多信徒对造像进行观摩参拜，其自身的出挑与其上的人们更成了给从山门进入的人们此阁空间重点的外部提示；平座暗层处斜撑的大量使用可视作原本其阁楼设计使用人数众多的一个佐证，而将内槽平面抹成六角，除开使平座更为坚固合理的结构意义，更重要的在于其空间意义——这个六边形使二层在一定程度上消除了原本平面上呈现出的正面性特征，而使环绕活动成为可能；再观

察屋架，满铺平闇消除内槽中梁的深度带来的空间区分后，明间一处单独斗八藻井的使用也使空间呈现出环绕的特征。*fig...05* 以上所有这些设计动作均将空间重点指向二层当心间处，那么到底是为何需要通过这些或明显或隐匿的设计使人非要到二层呢？将目光聚焦于菩萨像，我们可以发现，不同于慈氏阁中所供造像，此阁之中所供佛像为一十一面观音。*fig...06* 正因为佛首之上存在的不同朝向的十个小头无法从一层欣赏，才通过种种设计引导人们走向二层，而此阁二层的六边形平面给空间带来的环绕特征也

CONTEMPLATION
&
CONSTRUCTION

45

空 与 结 的 建 大 传　　　研
间 构 　 筑 木 统　　　究
间　　 构 筑 木 中　 Researches
空 与 结 的 建 大 传

fig...06 独乐寺观音阁十一面观音头部

因小佛头之朝向而显得尤为重要。而在此之外，佛像的正面性仍应当被重视，加之明间平座的继续出挑，人们与佛像的距离可能更远而使视线被结构遮挡，故而将内槽明间处柱头枋减去，以更好地表现佛头的精美。

慈氏阁空间中造像的观法带来的结构设计是针对表现其精美的全景而作，而独乐寺观音阁中的所有空间设计则是针对造像的近景与特写而出发。厅堂与殿堂两种结构在此则充分展示出其面临不同问题时各自的空间特征。

之二

空间特征框架中的方向：与领域

在《建构建筑手册》中，安德烈·德普拉泽斯（Andreas Deplazes）曾这样写道：

在杆系结构中，任何地方都可以有任何尺寸的洞口和连接，并且它们不会破坏承重"龙骨"的逻辑性。可以稍微夸张地说，在杆系结构中不需要将空间相互连接，而要通过分各构件来创造单独空间，因为结构本身只提供了一种三维框架。

似乎对于框架建筑而言，其结构自身无法形成砌体结构语汇中的房间，四周杆件仅作为线存在而对空间中的某一体积做出了边界的限定，我们很难在一个单纯的框架内讨论其空间的特征，结构于是沦为分隔围护构件中无空间意义的骨架。仔细阅读布鲁诺·赛维的《建筑空间论》也可以发现，在论述现代建筑中的空间时，结构形式变化带来的空间特征变化同样并未围绕框架结构展开，而是围绕着框架结构出现后作为空间边界的盒子如何分解进行讨论。

我们在研究中国传统大木建筑设计之时，也经常将传统大木建筑视作一种未加以清晰分辨的"框架结构"以强调其与现代框架结构之共性而自证先进，于是同现代建筑一同陷入对结构的空间属性失语的境地，而无力讨论传统大木建筑中的空间设计，这与前文两阁所呈现出的迥异的空间特征相悖。框架结构自身是否对空间无所帮助？既然其英文 frame 一词源于 framian，词源自身包含"有用"与"有帮助"之意，那么其对于空间的帮助到底在何处？既然我们可以从前文两阁之比较中得知殿堂与厅堂两种结构型在空间表现层面的巨大差异，那么从空间的视角试图理解传统大木建筑中结构的设计，或许是对当下建筑设计中框架结构的空间意义讨论的一个有益的尝试方向，而两种结构形式到底对空间有何影响，则是值得仔细讨论的问题。

怎样描述框架结构在空间中的作用成为第一个问题。追溯前人对空间的论述与理解，可以借助森佩尔对空间两大特征（围合与向度）的描述，对空

ARCADIA
VOLUME III
2018

之三

槽与缝：
进深中的
结构选择

间问题进行分析讨论。但需要注意的是，正如德普拉泽斯所言，框架无法直接形成墙体包裹的房间般的空间，而森佩尔此处所描述的却多半是墙体主导所形成的空间特征。尽管华裔结构师林同炎在其著作《结构概念及体系》中从结构的角度明确指出梁与墙的逻辑关系，日本建筑师中村竜治在其著作中也从空间角度将其关于梁的一个设计作品放在了关于墙的研究章节之内，指出在人视线高度时梁对于空间的围合意义，但这些直接将梁等同于墙的讨论，同样藏着将框架结构的空间属性弱化的危险。梁仅在特殊位置与尺度时方能产生围合之效果，而其他情况则更多是作为空间的限定物而存在，故而在此处我们或许需将讨论的用词进行改变，将对空间中框架带来特征的描述从围合与向度替换为限定出的领域感与强调出的方向性更为贴切。*fig...07*

最基本的框架结构类型一般具有三个维度的构件，即作为竖向支撑的柱子及进深与面阔两个方向的梁。而欲对空间发生作用则需要从空间操作的角度对三种构件的主次进行区分：当仅对一个维度的构件进行强调时，表现的是构件本身，通常是一些相关文化性的操作，对整体结构及空间影响不大，本文不予讨论；而对三个维度均作强调则与均不作强调无异，空间在框架语境中仍处于匀质状态；故而只有强调两个维度的构件而弱化第三个维度的构件时，框架空间的两种特征才能被分别强化而呈现——即当梁全部强化而柱较弱时，强化出的是空间中梁所限定的领域感；而当柱与某一方向的梁共同强化表现而弱化另一方向的梁时，空间呈现出极强的方向性。

按照张十庆等学者对中国传统木建筑结构逻辑的分类，有两种构成大木建筑的结构逻辑。其一为层叠式逻辑，即横向的分层叠加式组成结构，其木构原型为井干式结构——无柱，以积木层叠而成，以叠枋为壁；以此思维为发展线索，井干结构逐步演化成铺作层，产生了后世之殿堂建筑。其二为连架式逻辑，即纵向的分架相连组成结构构架，其原型为穿斗架，架中全部直接以柱承重，无梁，穿枋仅承担拉结功能；以此思维为发展线索，为解决跨度问题，逐渐走向厅堂型建筑。厅堂式建筑与殿堂式建筑可视为连架型结构与层叠型结构之次生形式。而这两种结构逻辑所带来的空间表现形式，则刚好与前文所提到的两种类型相吻合。

绝大部分现存殿堂建筑中，柱位与槽匹配而令人难以察觉这种层叠结构中各处构件对于空间的意义。但当考察一些减柱或移柱等柱位变动而导致空间变化的案例时，我们可以清楚地看到槽对空间领域限定的影响。

永乐宫三清殿、善化寺大雄宝殿、晋祠圣母殿三座宗教建筑，尽管建成时间及风格均有些许差异，但不妨碍我们对其结构设计的思路进行直接考察。观察三殿平面，均为内外两圈柱网，进深分别为四间、五间、六间，而面阔均为七间，且均将结构内第一列柱内移以扩大参拜空间。

针对这种柱网变化，永乐宫三清殿所采用的操作是直接将金厢斗底槽的内槽后移，以将槽型与柱位相适应，并使得内槽斗拱减小以匹配其中像设的尺度。

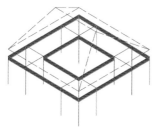

fig...07 框架结构中的两种空间感知。作者自绘

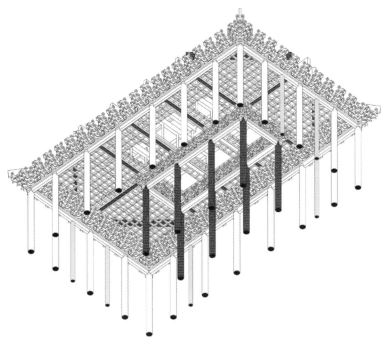

fig...08 永乐宫三清殿仰轴测图。作者自绘

并将像设所处领域与人们活动的领域作区分。但由于前金柱内移一间成为实际意义上的脊柱，梁架不得不呈分心槽状布置，这就使得槽对梁架的帮助变小，其结构意义大大损失；同时由于人们活动的领域均为梁架主导空间，在区分与像设所处空间之差异时，只能做吊挂天花的处理，而在对活动领域中欣赏壁画与参拜两种活动空间做进一步区分时，无法直接由槽出挑形成藻井而同样只能将藻井吊挂，内槽本身在结构设计的巧妙性上无法让我们满意。*fig...08*

善化寺大雄宝殿中，面对同样的问题则采用了另一种结构方式：金厢斗底槽不做变化，仅将前金柱内移以保证下部空间在使用上的合宜。具体做法为殿身前金柱内移一间并升高承托屋架六椽栿，而前檐乳栿变为四椽栿入柱身。但由于其殿阁屋架自身金厢斗底槽未做变动，柱位内移后相当于打破了原有结构带来的空间逻辑，使得人们活动的祭拜空间与像设所处的圣域空间无法在上空通过槽的围合而自动区分领域。而前檐金柱的柱列内退后，由于没有上部槽的深度配合，又无法形成足够强烈的空间限定，人们在祭拜时总会感知到上方巨大的槽对

所处空间的二分，故而此处只得利用不同的藻井天花对实际空间领域进行二次限定。故而其槽型选择在此殿中表现为结构层面巧妙，但空间方面一般。*fig...09*

山西太原晋祠圣母殿在针对类似的柱网布局时，却并未拘泥于金厢斗底槽的形式。圣母殿面阔五间进深八架椽，单槽副阶周匝，乳栿对六椽栿用三柱。由于所定位使用者甚多，需要较大的祭拜空间，通常情况需要增加檐廊进深以匹配功能。但此殿之动作并非在原形制层面直接增加进深，而同样采取了对原有结构调整从而重新分配空间大小的方式进行设计——殿身前檐檐柱不落地，室内外分界内收至单槽槽下金柱位置，使前檐处由乳栿改为四椽栿，其上叠架三椽栿插入内柱以承从蜀柱传递而下的殿身檐重，而避免了殿身结构不变的情况下四周副阶跨度过大而浪费空间，或单独加大前檐导致坡度不等或难以交圈的问题。从空间角度而言，圣母殿与善化寺大雄宝殿及永乐宫三清殿最大的不同在于，圣母殿殿身所采用的单槽形制利用其原有的层叠逻辑在上方围合出了两个不同领域——祭拜空间与圣域空

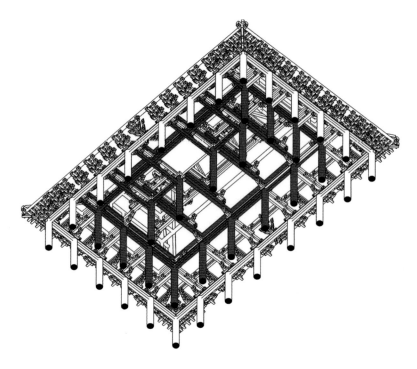

fig...09 善化寺大雄宝殿仰轴测图。作者自绘

间，而此殿精彩之处便是充分利用主殿屋顶单槽的空间特征，在保持圣域空间不变的情况下，利用内移的金柱与围护结构的分隔，更加强化了不同领域空间的不同特点；同时利用连架逻辑将金柱、殿身前檐及副阶屋架连接以协同作用，整合了前槽与副阶空间以满足使用需求，消化掉了屋顶前槽带来的对祭拜空间不利的槽的深度；更由于大进深的阴影关系，使得圣母殿在外观上呈现出异常轻盈的特征，从外观上也使屋顶获得了一定的表现性。fig...10

层叠型结构建筑或自原始穴居发展而来，呈现出与土作建筑十分密切的逻辑关系；而后或因高台建筑土台退化，或因土墙逐渐演变为柱，下部支撑与上部作为出挑技术而被选择的原本是墙的井干结构相匹配，其梁柱结构逐渐形成。但仅讨论愿望而言，建筑原本只需要一个屋顶以覆盖下部空间与支撑物，支撑物并不必然是与屋顶梁架一体之木质构架——所以观察古建筑设计的方式与《营造法式》对于层叠型建筑中最为典型之殿堂建筑的描述，我们可以发现：

1. 因生起、侧脚等诸多原因，柱脚与柱头平面并非一致，故而设计与讨论时，对于其平面原型永

远以铺作层底平面作为设计基准，即殿阁地盘分槽图；

2.《营造法式》一书中对于殿堂建筑侧样的描述中，几铺作是描述之必需。

这就意味着在殿堂建筑中，无论柱位如何移动、柱如何删减，其初始设计从槽开始；梁架襻间等形成槽的构件并非仅作为限定空间边界的线性杆件，而直接指向相互咬合组成的具有深度的结构，以界面的形式在不同位置形成固定的领域，于空中承担了"墙"的空间分隔功能。对于宗教造像或重要人物的空间而言，利用不同槽来区分不同领域，更利于后续的空间差异化设计。如在殿堂侧样图中，除几铺作及槽形的描述外，"草架"二字或许证明，其槽身利用咬合的斗拱进行尺度转换而与天花或藻井相接的天然适宜性。fig...11-12

传统大木建筑中，为获得某一空间的合适深度而对木构架的结构进行调整通常发生在各扇屋架之内，即通过调整屋架柱位而重新分配不同空间的进深以匹配其功能。对于连架逻辑建筑尤其厅堂类型建筑而言，由于其结构形式特征十分明确，即以每间横向间缝上的梁柱配置为主，屋架之间逐椽用槫、

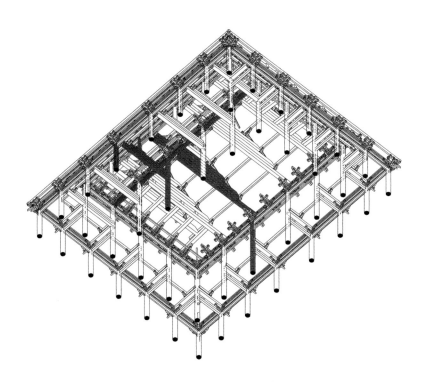

fig...10 晋祠圣母殿仰轴测图。作者自绘

襻间等纵向连接成一间，所以只要屋架总椽数即进深相同，不论梁柱进行何种配置总能联成一间，故而各扇屋架自身具有一定独立性，所以无须考虑整体的平面图，只要按照需求直接调整屋架柱位，空间上自然形成以柱为限定的大小再分配，而无其他方面影响。如在善化寺三圣殿中对屋架的不同选择正说明了上述现象。fig...13 三圣殿在善化寺山门与大殿之间，始建于金。其面阔五间进深四间八椽，单檐四阿顶。殿内前金柱全部减去，后金柱则错位设置，使间架结构异化、各间屋架各不相同以匹配空间使用——明间屋架为八架椽屋六椽栿对后乳栿用三柱，两次间则使用八架椽屋五椽栿对三椽栿用三柱，使像设神坛呈放射状布置，满足视觉需要并开阔了前部祭拜空间以利使用。在这种调整后，其上部屋架也并未带来过多复杂的构造操作，依然保持简洁理性，彻上明的构造自信地将各部分梁架展现，这一切得益于厅堂建筑自身的连架逻辑对于空间深度调整的适应性。

当我们再看《营造法式》对典型的连架逻辑建筑——厅堂建筑梁架侧样的描述时，也可以发现其描述方式之区别：厅堂侧样命名几乎不提铺作形式

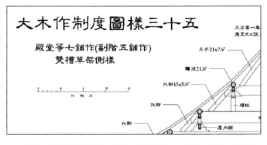

fig...11 殿堂侧样标题图。引自《营造法式图样》（中国建筑工业出版社，2007年）

fig...12 五台山佛光寺东大殿剖透视草架。引自《穿墙透壁》（广西师范大学出版社，2009年）

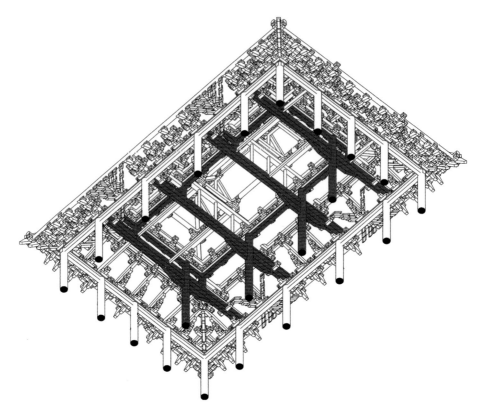

fig...13 善化寺三圣殿仰轴测图。作者自绘

（《营造法式》厅堂结构给出的18种中，仅"八架椽屋乳栿对六椽栿用三柱"一种，因描述构造所需，准确表达为六铺作单杪双下昂。其余17种一律表示成四铺作单杪，实因铺作数与结构关系不大）[1]，而强调建筑总深度（椽架），强调槫架（间缝），并强调槫架内之梁柱。*fig...14* 观察前文所述各厅堂建筑实例，其结构在横架与纵架之间不同选择带来的空间呈现出不同的方向性，而即便同一种屋架，由于每扇屋架本身是独立的个体，且不存在铺作层，屋架之间的枋与额在结构层面通常只起联系作用，截面较小且位置可调，所以也呈现出极强的方向性特征。而因厅堂构架梁柱乃至所有连架型大木结构无铺作且各构件尺度相对较小，其结构构件自身不具备表现性与领域感，故而更适宜用于表现一些尺度特异的像设或方向感较强的空间，如利用屋架自身的通高表现像设的高大（慈氏阁），利用屋架之间的通进深表现像设之重要（初祖庵），或在面阔方向利用屋架

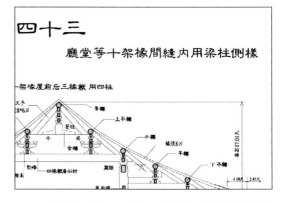

fig...14 厅堂侧样标题。引自《营造法式图样》（中国建筑工业出版社，2007年）

中的梁柱形成边界突出其后重要造像（开元寺天王殿）。当需要表现空间内某些重要领域时，连架型建筑不得不借助藻井的力量对某些区域予以强调，但由于梁柱自身与藻井交接之处并非像槽般由斗拱层承托，通常需设边框次梁甚至吊挂来完成藻井之构造，故此逻辑类型所产生结构在空间领域的表现性上呈现出较弱的一面。

[1] 见陈明达《营造法式大木作研究》。

之四

横 与 纵
面 阔 上 的
视 觉 表 现 ：

对于绝大多数大木建筑尤其横架建筑而言，斗、串、襻间、额枋等构件仅作结构层面的拉结稳固之用。然而，由于这些构件所处位置通常为正面，使其具有了更多的视觉意义，故而，这些构件灵活的变化使用带来的不仅仅是对于内部空间再分配的结构意义，同时也会导致一个设计矛盾：是作为正面同时被表现，抑或需要调整位置甚至取消以防止其影响表现其他事物。正如前文双阁面对面阔构件时的不同态度：在面对像设表现主体较精致的情况时，作为画框对领域的区分与对像设的强调有十分重要的帮助作用；但当面对大尺度像设时，则常常会成为需要取消的对象——由于像设足够高大，自身具有更重要的表现性，故而此时应当极力减小结构构件对其展示的影响。另一方面，对于纵架建筑来讲，由于其面阔方向构件尺度及构造自身便极具表现力，在哪使用及如何使用便更成为设计之中需要仔细考虑的问题。

对于单体建筑来讲，在同一空间中调整柱位甚至取消柱子以获取更大的活动空间，是通常要面临的问题。在这一问题上，做得最极端的当属佛光寺文殊殿。文殊殿面阔七间，进深四间八椽，单檐悬山顶。为扩大殿内空间，殿内柱子从十二根减至只剩四根，前槽两金柱设于两次间与梢间之间，后槽两金柱则设于明间两侧。从平面图及现场佛坛大小可知，此动作并非为适应佛像尺度，更多是为满足人们在室内活动以欣赏室内围墙之壁画而做出的结构改变。具体实现方式是，在跨度过大之处利用纵架的方式于面阔方向施大内额及由额并用侏儒柱、和沓、叉手及绰幕将上下两层额枋相连，以期形成一个类似现代双柱式桁架的复合构架，共同抵抗14米的跨度而支撑上部屋架。尽管从结构角度看这一举动并未形成真正的桁架，并未起到设计者所预期之作用而不得不再加辅柱，加之木构体系中纵架自身的受力问题导致后世拔榫等情况出现，但此殿所采用的全部纵架逻辑的结构方式在扩大空间容积方面的大胆探索却是成功的。*fig...15*

据考证为元代建筑的山西汾阳县北榆苑村的五岳庙五岳殿，坐北朝南，其前方为院子，隔着院子正对戏台。面阔三间、进深三间四椽；室内外分界为前金柱位置，檐廊进深仅一椽距离，故而主要的祭拜空间还是在建筑外部之院落。柱网同时采用了减柱造与移柱造：室内后金柱减去以使佛像的领域不受干扰，直接用三椽栿承托屋架，彻上明造；前檐柱处则运用纵架逻辑，将明间两檐柱向两侧移至补间铺作下方，使正面明间实际为两间大小，靠斗拱、劄牵与其后屋身相连以保持整体性（金柱处于栌斗上再接蜀柱，以同时进行横架与纵架结构之转换交接），跨度则用巨大的檐额解决。檐额长贯三间，并出柱口；檐额下绰幕方出柱长至补间，相对作三瓣头，整体与《营造法式》所描述檐额做法吻合度颇高，属于比较典型的大檐额，这也使得此殿具有十分强烈的正面性表现特征，也与人们在外部的主要视点相吻合——两檐柱、绰幕与檐额、台基的厚度共同形成了第一层较大的画框，砖墙留出的门洞于中间形成第二层次的框，两层框嵌套最后将明间的佛像烘托而出，减小了空间深度带来的展示问题，使较小的佛像在立面上获得自身不断放大的领域，呈现出接近平面或浅浮雕的特征，突出了其重要性，以令院落中的人们更好地对其进行礼拜。*fig...16*

可以说，佛光寺文殊殿通过纵架结构逻辑的极限应用使空间容积最大化，而五岳殿中在前檐处的纵架处理使框架构件的表现最大化。但建筑从来都是综合考虑权衡下的工程结果，对于一座佛殿而言，不同的造像在参拜方式、展示效果与结构布置层面都不尽相同。如山西朔州崇福寺弥陀殿，其殿身面阔七间进深四间八椽，彻上明造，单檐歇山顶，建于高大的附带月台的台基上，外观十分壮丽雄伟。与佛光寺文殊殿相同，此殿内壁同样布满大量壁画，空间上需要人们来回行走观瞻，减柱手段成为此殿结构上的必要之处理；但对于殿中核心造像而言，不同于佛光寺文殊殿的一组造像居中布置，此殿佛坛上，有"西方三圣"坐像三尊，主像两侧有胁侍菩

乌有园
第三辑
观想与兴造

52

ARCADIA
VOLUME III
2018

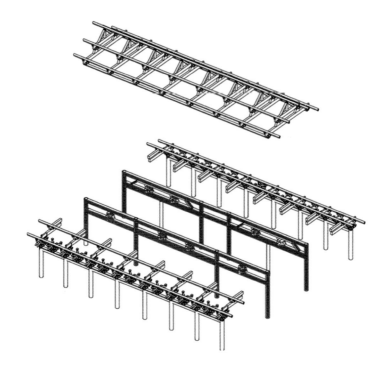

fig...15 佛光寺文殊殿分解轴测图。作者自绘

萨四躯，金刚两尊。这些塑法古朴、制作精美的大小共九尊造像平行并排布置，成为佛殿的中心，而空间上又希望保证各个造像领域的独立性，故而此处依然选择纵架的构造逻辑，利用梁架自身的方向及高度自动分隔出每尊造像自身的领域——于是各方权衡之下的结构结果则呈现为现在这般，只将前槽处结构转变为纵架逻辑，将当心五间处四柱减为两柱并移至次间中线上，其上施与佛光寺文殊殿十分相近的由绰幕叉手和沓及侏儒柱连接的双额协同承担屋顶重量并联系前檐乳栿及劄牵。这里，横架的梁枋负责为不同造像划定各自的领域，而前槽改变为纵架逻辑，则是为解决人们的具体使用问题，这种局部的动作在解决了实际使用问题的同时，不仅使得彻上明造中横架自动分隔限定出的造像的领

域特征得以保留，对结构整体性能的损失相对佛光寺文殊殿而言也更为微小，而前槽纵架处多材累叠咬合的处理方式，可视作将其上内槽深度向下延伸，形成了具有装饰性的空间界面，使人在月台处观察佛像时更能感受到其神圣性，纵架的使用在此既具备了结构意义，又突出了其视觉表现的特征。*fig...17*

　　前面所讨论问题更多因面阔的方向性而围绕纵架结构展开，在这些案例中，由于结构方向之变化导致跨度问题出现，设计师要么选择足够巨大的材料作为解决跨度问题之技术手段，要么通过复杂的构造连接几层材料以获得足够的梁高。而在解决这些问题后，由于面阔方向结构构件出现了深度与装饰，其自然获得了空间领域或得到了视觉意义。

　　但不能忽视的是，绝大部分建筑因结构有效性

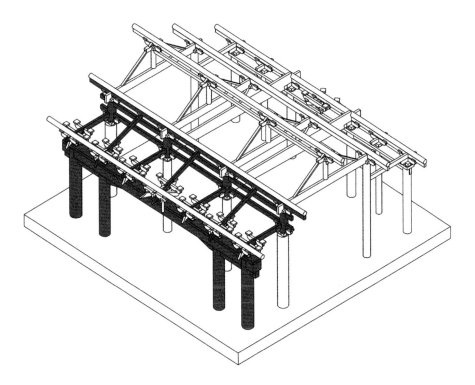

fig...16 五岳庙五岳殿轴测图。作者自绘

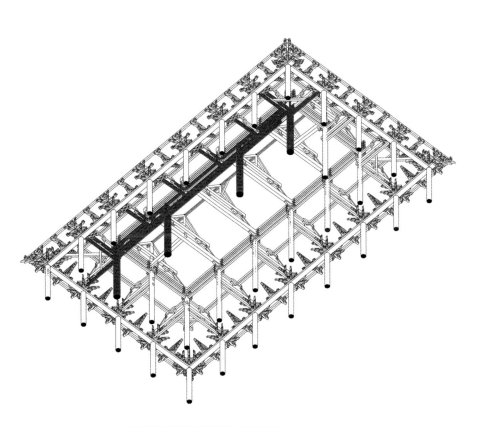

fig...17 崇福寺弥陀殿仰轴测图。作者自绘

乌有园
第三辑
观想与兴造

54

ARCADIA
VOLUME III
2018

的考虑，属于横架建筑。这些建筑中，进深方向构件由大梁承担，靠梁自身尺度及其形状获得空间表现；而铺作层面阔方向木方或纵向构件如襻间等，在必要之处设小斗以连接上下木方以达到跨度需求并获得装饰性。但在建筑使用过程中，人们主导面向的改变也可能带来横架结构的不同表现，如潮州开元寺天王殿。

天王殿为开元寺山门。单檐歇山顶，进深四间，面阔有十一间之多。立面分为三段，正中五间为凹门廊，大门有三，居中；余两侧各三间为一厅二房式僧房。中槽面阔九间进深二间，为殿内主要场地，因正中七间分心柱减去，故而十分开阔。明间后槽处设弥勒韦驮像，居大殿正中，而中槽两尽间处则为四天王。此殿彻上明造，各间屋架均不同，从明间叠斗抬梁屋架至尽间穿斗屋架逐渐变异，呈现出厅堂建筑的重要特征。因弥勒韦驮像居于明间正中，人们进入后所处为一被叠斗环绕的重要领域，体现出造像之重要；但因其功能仍为山门，故而人们进入后，需绕过该像设方能进寺院，而此时便产生了面向之转变。这一动作带来了对梢间屋架的细微调整——尽管该屋架整个构造逻辑为穿斗架，但在其中槽位置上下两个最大穿枋之间却设四小斗，使该处呈现出了类似襻间的构造特征；而在空间上，该缝屋架刚好是人们转向后所面对之处，位于天王像与观者之间，这种将屋架做成画框体现天王像重要的逻辑与面阔方向中的对于纵架构造部分的表现异曲同工。尽管此案例是对于进深方向的结构做出改变，但我们或许仍可以因人活动时的面向扭转将其归于面阔操作。*fig...18*

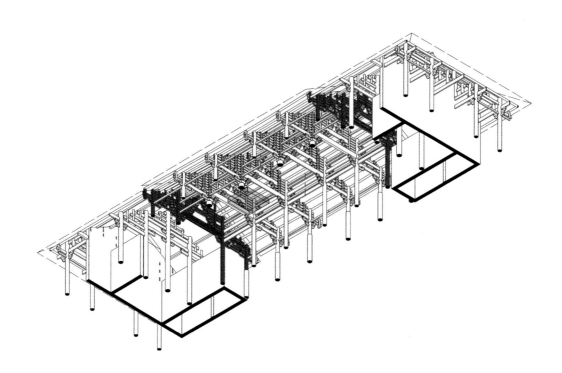

fig...18 潮州开元寺天王殿仰轴测图。作者自绘

CONTEMPLATION
&
CONSTRUCTION

55

空 与 结 的 大 传
间 结 构 建 木 统
构   筑 中

研究
Researches

之五

抹与借：
转角处的
意图强化

一座建筑，在确立了进深与面阔两个方向之后，两个方向交接的节点——转角——便成为接下来建造时要讨论的部分。正如"如鸟斯革，如翚斯飞""檐牙高啄、勾心斗角"等词所描述，转角以其表现性成为传统大木建筑中给人印象最深之处。而与此同时，转角所面临的问题也最为复杂——其跨度最大、用材尺度最大、位置最隐蔽、交接节点最多、工艺最复杂，所以对于转角问题的处理成为建筑结构中最重要之处，同时不同处理方式也对空间方向的感知产生极大影响。

平武报恩寺位于四川西北绵阳市平武县，始建于明。格局坐西向东，自山门而入依次为泮池、天王殿、拜台、大雄宝殿，到万佛阁止。而在大雄宝殿与万佛阁中，有一对碑亭，其构造尤为引人注目。碑亭等级

较高，其上檐为八角屋顶，但此亭并未按八柱撑角梁的常规做法设计，而是将八边形底面的水平层分为两个重叠的正方形来布置梁架。这样的好处在于，使其中一个正方形的四根梁只有在端部出挑承托其上转角科斗拱与角梁，且由檐枋箍住形成交圈，而只需四柱落地以减小柱子对碑刻之影响，且抹角梁在亭子内部形成类似藻井的效果，强调了亭子中心的领域感。而后，在一层处其外再加十二根檐柱以承副阶屋架与四坡披檐，使建筑在下檐处呈现出方向性，呼应其在中轴线两侧之面向与位置。这种做法带来的外形特点是屋顶方向的旋转，即亭上檐与下檐之脊相对而非面相对，这令其上檐翼角得以完全展示，在视觉上所出挑更多而所感知更为轻盈，也使双亭异于其他抹角而成之八角亭，成为国内孤例。*fig...19*

fig...19 平武报恩寺碑亭剖轴测图。作者自绘

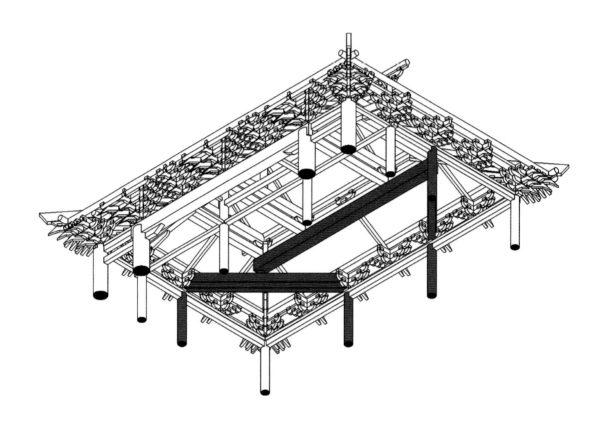

fig...20 秦安兴国寺般若殿仰轴测图。作者自绘

角部施加抹角梁的益处不仅仅在于其高效的结构性能及层叠逻辑带来的领域感知的强化，在某些小尺度的建筑中，尺度反常的抹角梁所带来的强化视觉中心的效果也不容忽视——正如在兴国寺般若殿中的转角构造所呈现的那样。般若殿位于甘肃秦安兴国寺，为一始建于元代的面阔三间、进深四椽的单檐歇山顶建筑，内供一佛二菩萨像。现状前檐显五间，且其殿内加辅柱若干。经推断与分析，将后世所加辅柱结构去掉，其原结构如图所示。fig...20 前檐处为移柱造，施大檐额大雀替与粗柱形成扩大的明间；前檐金柱一列构件相对檐柱纤细许多，同

时呈现出横架与纵架之特征以联系殿身与檐廊；殿内采用减柱造，具体结构形式为殿身后部自山面中柱开始施两层大抹角梁承托大额枋，大额枋则与前檐处二金柱上方丁栿承托上部梁架及歇山山面构架。这些结构带来同样呈现出十分正面性特征的空间——与之前所讨论的面阔操作相同，当人们在殿外时，由前檐处塑造两层界面形成两层画框圈出其殿内像设，营造出重要性的空间感知；但同时更应注意的是抹角梁的空间意义：因殿自身面阔与进深较小，抹角梁在此尺度显得尤其之巨大，加之殿身各柱并不高，即使参拜者步入檐廊甚至进入殿内，

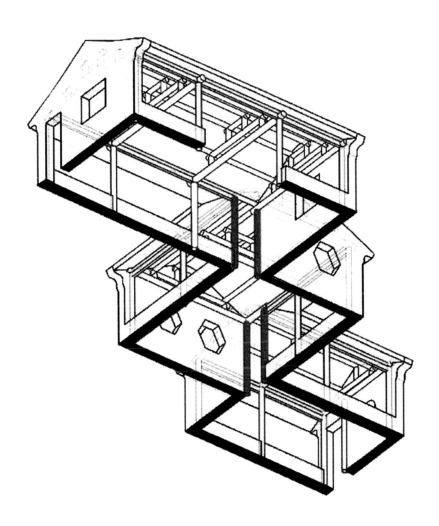

fig...21 翠玲珑仰轴测图。引自沈雯《关于空间与结构的设计方
法——结构法初探：以框架结构为例》（东南大学硕士学位论文，
2014年）

抹角斜梁的高度与方向配合视觉透视共同形成了一
个放射状的背景，营造出引导性非常强的空间感知，
强化了佛像所处领域的重要性。

除抹角之外，在转角处结构的互相借用也是较
为常见的设计操作。如果说抹角是为了强调空间领
域、强化空间特点，那么借用则更多是将不同空间
融合的一大手段。转角部分的借用大致分为以梁为
核心的结构操作及以柱为核心的结构操作。其中以
柱为中心的操作更多为阳角处处理两个方向屋架交
接问题的方法，而以梁为中心的结构操作则更多针
对阴角之中互相搭接以减柱之空间问题。位于苏州

沧浪亭的翠玲珑为三个坡顶小屋按不同面向雁行式
布置的一组似廊似房的小建筑。为突出建筑空间之
不同面向，其坡顶方向相异，这就需要令转角处屋
架方向扭转以承接不同体量的坡面，于是呈现出现
状的以柱为核心的屋架设计结果：三间小轩均为抬
梁式大木结构的硬山建筑，两侧山墙用于隐藏并保
护其中的木梁柱，而当三间小轩之间各自以其面阔
与下一间的进深直接相连时，角部被山墙所隐藏限
制的梁柱得以释放，即各自将对方角柱借用，形成
屋架方向的转换，消除了轩的单元分解，使之融合
成为廊以令人通过。*fig...21* 而后通过墙面开洞与小

乌有园
第三辑
观想与兴造

58

ARCADIA
VOLUME III
2018

木作装折等手段，令翠玲珑一处仍维持了轩的单元感以令人停留，最终形成了单元面向明确又有折廊特征的一处经典空间，而这所有空间感受之来源，除明确的对景关系之外，还建立在以柱为核心的对于角部的操作带来的结构关系之上。

将目光投向邻国日本，同样为解决居处与造景之间关系及两个空间之面向问题，日本滋贺县园城寺的光净院客殿却选择了在阴角处以梁为核心进行结构操作。在建筑之南向檐处，通过减柱将面阔方向檐柱悉数减去，甚至包含其与中门廊抱厦相交接的阴角转檐柱。减柱后其上使用桔木出挑以减轻檐重，并施上下两层大额枋以承屋檐。下层大额搭于中门廊处比例十分惊人的梁上，以将角部打开。这样带来的空间方面的好处在于，相对上之间与广间处而言，尽管其退后一间之距离使其与庭园造景之绝对距离增加，但由于其中并没有柱子，广缘与缘侧实际上融合为同一空间，而在室内感受到的依然为室内—檐下（广缘—缘侧）—庭园之关系，其心理距离并未改变；同时由于角部柱子的减去，中门廊处在感知上仍为一大间，避免了有角柱后对于中门廊北侧靠主殿之处空间失去特征而不辨是厅是廊，作为贵人口的中门廊在其尺度上依然保持了一定的等级性，同时也令所进入之贵人对庭园的感知更为直接。*fig...22*

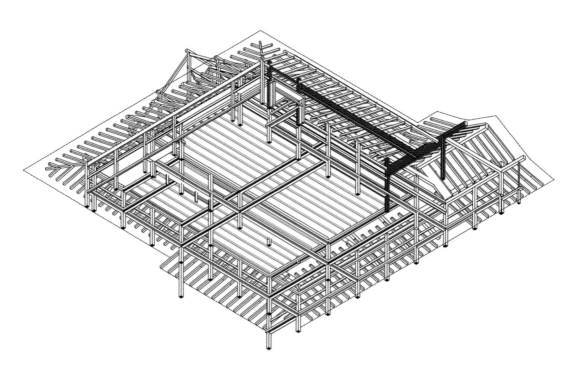

fig...22 光净院客殿仰轴测图。作者自绘

之六

框架设计
建筑的
现当代
展望：
与
潜力

既然研究传统是为理解当下，此处介绍三个不同结构逻辑的现当代建筑设计，以说明其空间潜力并加以讨论。

前田圭介设计的浓汤娃娃事务所可以被视为对层叠结构之空间潜力的一种极端表现。建筑位于一个坡地之上，为同时保证这座被周围独栋住宅包围的工作室兼展室的私密性与开放性，结构上除了作为承载竖向荷载的屋架外，还利用了三层由60mm厚的夹心钢板悬挑而出的回字形圈梁。在空间上，由于梁的不同位置与坡地之高度变化，其功能作用时而似矮墙时而似悬墙，时而似蚁壁乃至层叠的几种地盘分槽——或许并不直接参与空间的内外区分，

但其于不同高度对于领域的强烈限定，依然给我们十分强烈的空间感受的区别。而结构上，尽管加高悬浮墙面的高度以及减轻自重的夹心钢板使得院墙的悬浮不可思议，但正如利用三本不同方向叠放的书本或比之于晋祠圣母殿更为极端的殿堂结构减柱，其要点仅仅在于结构构件的刚度与自重的关系。*fig...23-24*

陈其宽在台湾东海大学设计的"女白宫"则是针对所需空间而主动采取连架逻辑结构的经典例子。此建筑位于一个小台地之上，功能为女教师宿舍。不为承担宿舍功能，不同于普通的匀质钢筋混凝土框架，该建筑直接采用多跨间距三米的混凝土

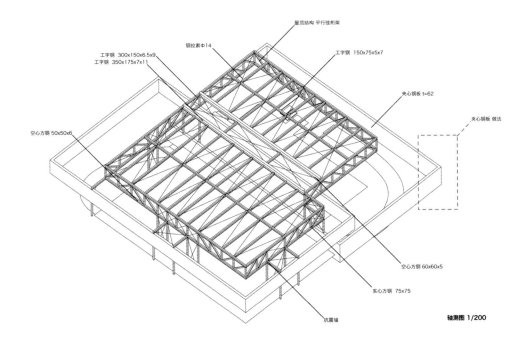

屋顶结构 平行弦桁架

钢拉索Φ14

工字钢 300x150x6.5x9
工字钢 350x175x7x11

工字钢 150x75x5x7

夹心钢板 t=62

夹心钢板 做法

空心方钢 50x50x6

空心方钢 60x60x5

实心方钢 75x75

抗震墙

轴测图 1/200

fig...23 浓汤娃娃事务所结构轴测图。引自郭屹民《结构制造——日本当代建筑形态研究》（同济大学出版社，2016年）

fig...24 浓汤娃娃事务所内景

屋架承担屋顶结构，而在门厅处，将间距由3米变为6米，以使会客空间有更好的体验。值得注意的是，为强调台地之特征，建筑在门厅与其下餐厅处采用了错层处理，而六米间距的两屋架之间连系梁大量取消，合并为会客厅座椅之背板，使得坡面得以完整露出，令人更能感受这一空间的台地特征；两山墙处屋架则加强各个方向之联系，以加强山墙处结构。这种将屋架排列组成结构，调整屋架以匹配空间的构造逻辑呈现出十分明显的连架特征，也与前文介绍的各个厅堂建筑暗合，而在室内也确实呈现出了不同的方向性——宿舍空间因排架呈现出的纵深感与会客空间因连系梁的变动而呈现出的对坡面与台地之表现。*fig...25*

　　在杜依克所设计的开放学校教学楼中，我们或许可以看到抹角梁所带来的空间潜力。*fig...26* 该建筑基本平面由9米见方的正方形单元组成，结构为钢筋混凝土框架；不同于常规结构做法，此建筑各柱布置于各边中点，形成四角打开的框架结构单元，而柱与柱之间连系梁则呈抹角布置，形成平面扭转45°边长7.4米的小正方形。尽管此案例中角部的打开主要是靠两侧梁的出挑，斜向的梁意义更多在于拉结而并非前文叙述中承重的抹角梁，但这种布置方式带来的结果是由四柱四梁重新限定出正方形空间的中心领域，使之更具有内聚性，而反之在其外被打开的角部处三角领域的开放性也更加强化。而在多个单元相连接时，这种由抹角带来的角部打开之后互相借用挑梁的操作，也使单元之间连接处的内部空间面向重新调整至与单元方向相同。这个案例中，抹角梁尺度因仅提供拉结作用而较小，但抹角操作对空间的潜力依然十分值得注意。如果进一步挖掘其力学意义而将其尺度异化至与槽或日本建筑中蚁壁近似，相信因对领域的强化作用而获得的空间感受将大为不同。

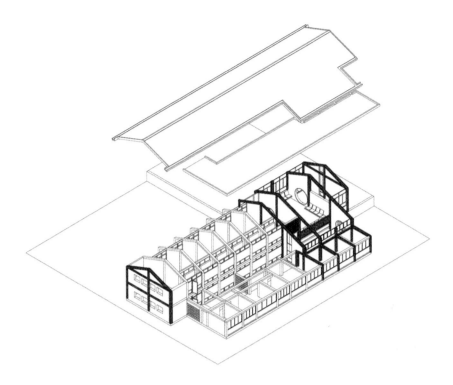

fig...25 东海大学 " 女白宫 " 分解轴测图。作者自绘

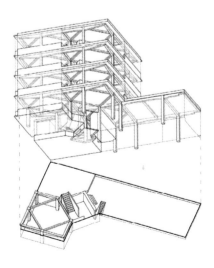

fig...26 开放学校分解轴测图。引自沈雯《关于空间与结构的设

计方法——结构法初探：以框架结构为例》（东南大学硕士学位

论文，2014 年）

结语

根据以上针对各案例的逻辑分类与结构分析，及对不同结构逻辑所呈现出的空间特征的讨论，可得出如下几个综合性结论：

1. 古代工匠对于不同结构形式带来的不同空间特征与适宜性是有一定认知的，并非一味地仅用等级来进行设计。今人在分析时，当不局限于其结构形式，而应从建构逻辑来讨论空间特征：层叠型逻辑的结构带来的空间具有一定的领域性，而这种领域性除了分槽与深度的原因，与槽匹配的不同天花藻井也对空间领域有一定的区分作用，这种空间领域的区分可以更为强化像设所在空间的重要性，而突出空间的核心；连架型逻辑的结构则自身无太多表现性，更适于表现其空间中的方向，故而更适宜于表现一些非常规尺度的像设。

2. 传统大木建筑中的结构设计不仅仅体现在大的结构型的选择层面，也同样存在于局部的横纵结构逻辑变化，甚至更为微观的转角构件交接关系层面。这些尽管细微的反常设计，多数情况下指向某一个明确的空间意图：或与内部空间使用方式或佛像礼拜方式相关，或与外部观景方式相关。

3. 中国传统大木建筑并非如外观般千篇一律缺乏变化，其内部的结构与构造存在着众多精彩的设计值得学习。尤其是宗教建筑中，雕塑与建筑之间的互成设计是十分精彩的，在分析之时需不仅仅看到建筑中的特征，也应注意到其中像设的状态与意义。此领域的更多优秀案例有待我们逐渐分析与发现。

4. 而针对传统大木建筑中的结构与空间，配合其主要使用方式而讨论其中所包含的设计，思索其空间特征，不仅有助于我们重新认识传统建筑，而且或可对于现当代建筑中的框架结构（单向梁、主次梁、密肋梁等）中空间设计的理解与细微区分有所助益，从而在中国建筑史与建筑设计之间架起桥梁。

参考文献

[1] 李诫. 营造法式译解 [M]. 王海燕，注译. 武汉：华中科技大学出版社，2011.

[2] 梁思成. 图像中国建筑史 [M]. 北京：生活·读书·新知三联书店，2011.

[3] 郭黛姮. 中国古代建筑史：第三卷 宋、辽、金、西夏建筑 [M]. 2版. 北京：中国建筑工业出版社，2009.

[4] 潘谷西. 中国古代建筑史：第四卷 元、明建筑 [M]. 2版. 北京：中国建筑工业出版社，2009.

[5] 张十庆. 从建构思维看古代建筑结构的类型与演化 [J]. 建筑师，2007 (2): 76-79.

[6] 刘临安. 中国古代建筑的纵向构架 [J]. 文物，1997 (6)：68-73.

[7] 李哲扬. 潮州开元寺天王殿大木构架建构特点分析之一 [J]. 四川建筑科学研究，2010，36 (1)：182-184.

[8] 郭屹民. 结构制造——日本当代建筑形态研究 [M]. 上海：同济大学出版社，2016.

[9] 沈雯. 关于结构与空间的设计方法——结构法初探：以框架结构为例 [D]. 东南大学，2014.

[10] 太田博太郎. 日本建筑史基础资料集成 十六：书院 I[M]. 东京：中央公论美术出版，1971.

[11] 巫鸿. 时空中的美术——巫鸿中国美术史文编二集 [M]. 梅玫，等，译. 北京：生活·读书·新知三联书店，2009.

[12] 安德烈·德普拉泽斯. 建构建筑手册. 任铮钺，译. 大连：大连理工大学出版社，2007.

作

品

W

O

R

K

S

乌有园

第三辑

观想与兴造

截来一角·模山范水

松荫茶会营造记

王欣

我曾经的学生方恺，现在日本留学。两年前他跟我说，想送他父亲一件礼物。他父亲是一名乡村教师，心里一直有着一个文人园林的梦。这件礼物就是一座小园林。

造园的场地就在他父亲家院子里，正房与厨房之间。一边长7m，一边长8m。大家都说太小了，而我觉得正好，这样的大小，正好以身体来主导感知。

设计团队	造园工作室
	中国美术学院建筑艺术学院
	王欣 谢庭苇
	日本东京松荫茶会
	方恺
建设地点	浙江省安吉县章村
设计时间	2015年3月
用地面积	60平方米
建筑面积	30平方米

之一
山形
大家具

园名先于造园，名"松荫茶会"，期以茶会为主题。
此小茶庭预设两种茶会：一个是中国明清常有的山
林茶会，借自然天地作为集会场所，幕天席地，各
人需要找到一个自然物，石头，树桩，台阶……让
自己呆下来，配合以相应的身体姿态，停倚坐卧，
每个人找到自己的"穴位"，自己的地形，因地形
而配合身姿，因地形而随机决定交谈方式，一幅自
动生成的文苑雅集图；另一个是日本传统的茶会方
式，需要经由一段仪式化的自然经历与尺度缩减，
钻入一个"容膝斋"般仅有四帖榻榻米大小的家具
一般的小亭子里，能剧般地演完流程。这个小房子
如一个嵌入高地的大榻，这个"亭子"在心理上是
一个他处，属于"在家的出家"，把它称作山房与作
为便宜出家的茶室，意义都是相称的。都是主房之
外的远地，属于想象的异域，是一个三两步可以逃
逸世俗的地方。

　　两种茶会方式相加，茶庭在垂直方向上分了
两个段落：山台茶会与亭子茶会。山台是去亭的
必然前序，登亭就是上山。山台与亭子可以同时
茶会，也可以是一次茶会的两个序列：先在山台
饮一巡，后入亭再饮。山台亦可作为亭子茶会巡
间的休息地。

fig...01 茶会坐落院子的原状

乌有园
第三辑
观想与兴造

ARCADIA
VOLUME III
2018

这个"山台"是家具化的，是大茶案、长凳、树池、叠泉池、蹬道、石灯笼等的融合。这是一个复合而成的"山"。当然，作为自然的山本来就是复合性的，只是现代人习惯于抽象简化地讨论山与自然。园林假山的意义在于：对自然的山作了一次起居色彩的分解与重构，在人的角度再造一种自然。假，即是重新分类，重新构造。而传统中国所言自然，看重的是自然法则，以自然法则再去重构表述。譬如这个大茶案，与山台是同构的，也是一个复合物。大茶案由案子、洗池、炉子、花盆、泉道几部融合，一件新的超大家具诞生了，它带着山意，照应了最基本的情趣生活，构成了假山的一部分，且作为山脚，与人最亲近。

fig...02 建成后初上灯

没有花木的自然 之二

与蹬道相合形成洞的暗示，遮掩进山之路。然而经费不足，三松迟迟未能就位。在周围山上看中几棵，但移植需要时间。两棵松，在建筑竣工后半年才移植进去，是从几百棵松中选出来的。

松荫茶会，有半年时间不见松。没有松荫的松荫茶会，我笑着对方恺说：我们叫它"待松庵"吧？

没有花木，是否还是园林？

在我们的文化里，"自然"已经不再是有没有花木这么简单的事情了。自然不仅是自然事物，更是一种自然叙事，也是一种审美的标准。在文化的视野里，我们可以审美一堵败墙为烟山云水，这既是自然的痕迹，也是自然的联类。我们看瓷面的开片，这是自然的不确定发生。我们痴迷虫漏，这是自然事件的痕迹。"行云流水"，是对技艺的流转畅快、无迹可寻的极致评价标准，近乎自然。

说到松荫，我们设定了三个树池，供三棵松。一棵当庭，栽植在海文瓦地面上，挑向茶案，将来从松枝吊下铁链，挂着铁釜，在海棠炉上吊烧煮水。一棵在"亭子"束腰下，横向展开，缠亭之腰，使亭有漂浮之意。一棵在亭右突兀高壁之上，高悬平挑，

fig...03 室外的大餐桌

再譬如赏石，赏石在中国文人艺术的位置，并非仅仅作为自然的微缩与形似，而根子在于它作为"自然的表达体"。它可以不依赖其他生长性的自然事物诸如花木，而纯粹依赖其几何形态与色质的意指自然，刺激有关于自然的想象。当然，这绝非简单象形，而是对情境的高度综合性的抽象领会。

同样，书法不也是一种高度抽象的"自然表达体"吗？

童寯先生说的"没有花木依然成为园林"，并非说园林要放弃自然事物，而是针对建筑学的师法对象与意指提出了更高的要求。

明清园林延续并夸张了宋代的做法，小小天井里，一个超尺度的石作花盆，几如宝坛，满占庭院，

与廊下的距离难以下足，而坛似乎建筑化了，好像可以踏入。坛上树荫远远超过屋顶，高高拔起。那个气势，水平弥散了四周，垂直冲了天，无法言说的一种放大。不仅高树，常常有巨石将一个庭院塞得满满的，不见首尾。在这样的小院里，我搁下了"如此大"的一座小山房，潜意识里一定是一座假山，假山当庭，本是很不真实的事情，如壶中天地，攀云登月，是戏剧化的神仙术，瞬间游离了常态的生活，归于自然的范畴。假山不仅是山水的指代，更是虚拟，虚拟一个供逃逸的所在。无论是缩尺还是转换，它将带你远离现实。

我们在园林中看满庭的一团云坞般的太湖石假山，我们会怎么想它？

我们在松荫茶会的主房廊下，望向这座"山房"，我们怎么看它？

它是一个自带山水裙摆的舞者，因为需要与"主房"相异，微微转了一个角度，七分面的姿态，这使它脱离了周围建筑的习惯格局。这微微的一摆，最大限度地扰动了周围，四面临虚，方方侧景。

它是一个当庭之山，正面有山的走向，左有进山的蹬道，右藏飞瀑叠泉穿廊而下。亭子增了山的高，征了山的虚。一米五的山高，以身体的姿态要求分了七八种高差。形式化的山与形式化的水，当是拍高士图的好地方。

它如一个舞台，带着出将入相的。从左上山绕到亭子背后钻入亭中，上榻入茶席，席毕，遂推开幛子门沿叠泉爬下山台。山台的起伏与亭子之小，让我们爬上爬下，钻进探出，举手投足，看向眼神皆被舞台逼迫拐带了，塑造出一系列我们平素不曾有的大幅度动作。这个山，可以用来看，但首先是身体性的。

身体告诉我们，它是模山范水的，它映射了自然。

面对这个山房，我们想到的还会仅仅是一个"花园"吗？

fig...04 松荫下的山台跌泉

fig...05 八平米的茶室

fig...06 山墙打开，出现"柜庭"

ARCADIA
VOLUME III
2018

fig...07 茶亭内部，对容膝斋的向往

fig...08 "柜庭"内向外分视

建筑 的 残片化
之三

松荫茶会的大小与周围的建筑并不相称，它没有因为院子的小而缩小，反而是满当的。小可以以残来应对，残即是不全，是局部。院子如同一个画框，不是往画框里装东西，而是用画框来截景。所谓"截溪断谷"，山房的呈现，如同院墙从远处连绵的园林中截来一角。围墙不是等待的界限，是套索一般的东西。

在这个被截来的小世界中，就不该有完整的大物，建筑都是残片化的：山房是一个有顶的榻，处于家具与建筑的临界。主房的廊子，仅仅就是一个立面而已，虚围了院子的北边界，也摄全了小院的景色入廊内。西廊，是方恺的父亲兄弟两家之间的界限，是半个房子，它像一个箱子盖，扣住了这个小世界，收之双圆镜。

一间家具大小的建筑，半个房子，一个立面。构成了松荫茶会里所有的建筑。

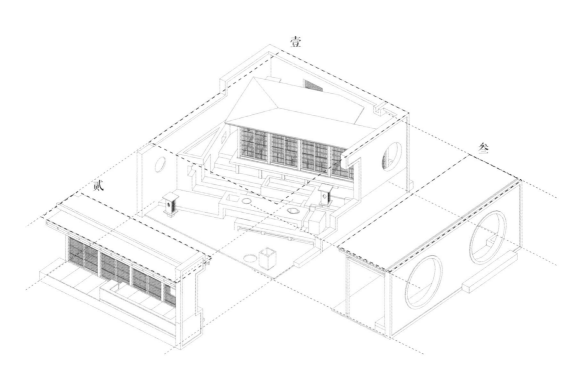

fig...09 三个残片建筑

ARCADIA
VOLUME III
2018

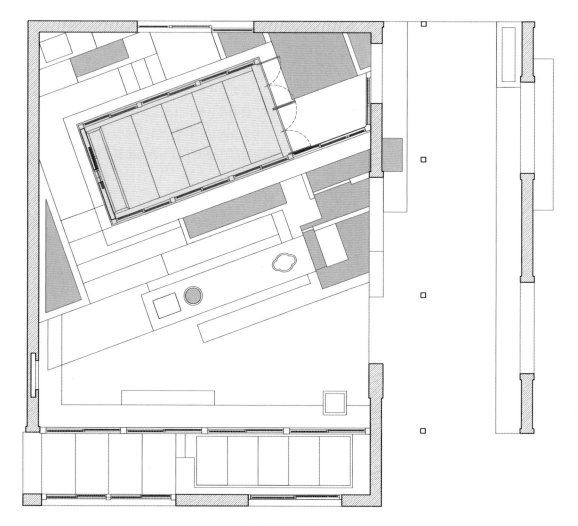

fig...10 茶会平面图

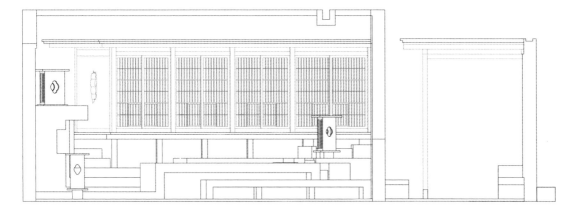

fig...11 茶亭北立面图

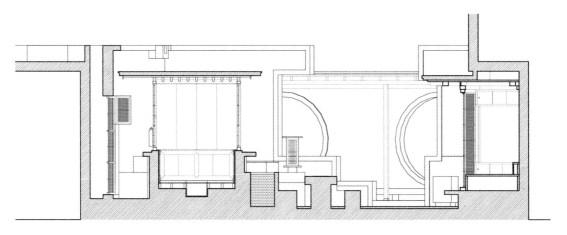

fig...12 茶会南北向剖面图

乌有园
第三辑
观想与兴造

76

ARCADIA
VOLUME III
2018

世界 的 洞观 之四

我总是喜欢不同世界之间的游历与对望。一个房子就可能是一个世界，一个不同于外界的世界。道家崇尚的洞天思想，即是承认并赞美多个世界的平行与多样。这是为四五高士远离凡尘雅会而设的一个洞天，它并置于现世，独立于现世，有着自我的时间与尺度系统。它自然不能以现实世界来揣测，它属于一群"异化"了的人，在洞口望去，既陌生却又如往昔。那是一个已经被疏离、被淡忘了的时空。一个属于被追忆的时空，需要用一种特殊观法来品察。它是不能随意看的，需要伫立，需要凝视。建筑，让我们学会了什么叫作望。

双圆镜廊处，原本是一堵矮墙，是兄弟两家的分界线，一边是方恺的父亲，一边是方恺的叔叔。兄弟之间的感情是复杂的，我想要重新描绘这种关系，重建一种看，一种两家之间的跨越。两边洞口的相望，以及并不便利的跨越门洞的动作，改变了两边的关系，不再是简单的随意出入与招呼吆喝，而是带着某种画意的，带着感情的，带着庄重，带着些许忧思。圆镜勾勒的是珍爱与怜惜，是审美的观法。

最好的景观留给了叔叔家，也留给了叔叔家院子入口正对的村路，邻家之眼恐怕是最美好的。

fig...13 圆镜重构了观看，两个世界的并置，望远与窥深

fig...14 建立了一种关联性的观看

fig...15 圆镜带来的庄严

fig...16 圆镜带来的隔世

全家老小齐上阵 之五

松荫茶会的营造，泥水、木匠、水电、勤杂等，都是方恺的家人亲戚，方恺本人是施工监理加材料运输队长，所谓"全家老小齐上阵"，每个人都要发表自己的看法，每个人都有赌气怠工的权利。施工要推进，和气要维系，一个小小的园子里，是一台传统人情世故的戏，虽然进度缓慢、磕磕绊绊，但总归是热热闹闹的。一个"山林茶会"的想象，动员了全家亲戚干活，惊动全村人来看，每天都有人来"视察"，问这问那，聒噪几阵，批评几下，或者想象将来的样子……一个60平方米占地的茶庭，不能再小了，却扰动了一个几百人的村子，不少村民也开始思考喝茶的空间与情境问题了。从动工的第一铲土开始到现在，议论都没有结束，这很好，沉闷的乡里，需要这样新鲜的事件。

巴瓦与庭园的

东方性

Geoffrey Bawa

and the

Eastern Garden

专

题

SPE

CI

AL

TO

PI

C

S

乌有园

第三辑

观想与兴造

80

ARCADIA
VOLUME III
2018

花园里的花园[1]

杰弗里·巴瓦和他的『顺势设计』

金秋野

fig...01 巴瓦33街自宅的地面。金秋野拍摄，2016年2月

到南亚人家做客要打赤脚，以示对主人的尊重。在巴瓦的科伦坡33街自宅（Bawa House in 33rd Lane, 1960—1998）中，赤脚走在与墙壁漆成一色的光洁地面上，你会明白这行为的意思绝非礼仪本身。*fig...01* 打赤脚是一种生活方式，也是看待生命的一种态度。水泥抹灰的地面自带八分硬度，表面涂有清漆，一尘不染又凉丝丝的，是大地自带的清凉，只在南亚的溽热中与身体相宜。转过弯去，地面变成未经修

⚊⚊⚊⚊⚊⚊⚊⚊⚊⚊⚊⚊⚊
[1] 本文由2016年"教育部人文社会科学研究一般项目：自然态建造思想研究"资助，批准号16YJAZH024。文章名来自巴瓦为自己的卢努甘卡庄园撰写的说明"A Garden in a Larger Garden"。见：Geoffrey Bawa 等. Lunuganga. Marshall Cavendish Editions, 2006：9.

饰的陶土砖，表面凸凹不平，但同样光滑、坚硬、清凉、一尘不染。巴瓦把地表看得格外重要，但无论是浅色砂浆抹灰、红砖还是石头，都带有相似又略微不同的"脚感"，区分出不同的空间领域。檐外池边，脚下变成了赭红色砂岩粒，依旧清洁无尘，可以赤足通过。*fig...02* 在巴瓦设计的住宅、旅馆甚至公共建筑里，客人最好除去鞋子，换上宽松的卡斐绸或麻布长衫，赤足穿过廊下，在朝向水池的铁椅上坐定，感受拂过明黄色庭院的带有素馨花香的熏风，你会明白巴瓦为何喜欢这些坚硬而不加修饰的材料——印度洋的季风使它们变得柔软。

　　在我曾造访的建筑作品中，巴瓦的房子最懂得照顾人的感官。与阿尔托的细致周到不同，巴瓦的空间洗练放松，规矩平实，无意于将四周封闭起来。它倒像一个通透的过滤器，洗去泥巴、拔掉尖刺，让风光雨露宜于敏感的身体知觉。饱学之士大概会断言巴瓦深谙现象学，殊不知他最讨厌现成学问，认为它玷污了建筑的清白。好的建筑是与自然直接对话的结果。[2]

　　巴瓦的设计生涯起于花园而终于花园，他有限的书本知识不足以应对精密的制图，此事尽人皆知。人们却不一定能想象，一生中有多少个周末，巴瓦在卢努甘卡花园（Lunuganga，1948—1998）中仔细观察、反复斟酌，耐心等待植物长到理想中的高度。中部丘陵道路尽端的角落里散布着一些座椅，面向远方，是巴瓦晚年行动不便时指挥家仆修整花园的落脚点。周末像一些散落的时间碎片，将花园从大地中琢磨出来，表面上天然生动，其实草木间无不是精心打理的痕迹。作为人工环境，卢努甘卡花园将地形、建筑、植物、器物不加区分地编织在

fig...02 阿瓦尼酒店雨水口下的砂岩粒。金秋野摄，2016 年 3 月

内，又精心融入远山湖泊，使用最接近于自然的设计语言，将天地纳入建筑。巴瓦没有用理论语言定义这种独特的建造态度和自然观念，他只是称之为"花园里的花园"（garden in a larger garden），即是说，在湖山的大花园里经营一个人的小花园。卢努甘卡的主屋是原址改造和加建，画廊为牛棚改成，客舍造在断壁之上，其他一些新旧房子彼此不加区分地融合在一起。巴瓦不太看重建筑本身，因为在他的观念中，房子与台阶、树木、围墙、水池具有同等的分量，建筑师的思考理应超越前例、风格、结构等建筑学"内部"的学问，延伸到万事万物。人不仅可以建造房屋，也可以建造自然，素材就是自然本身。*fig...03*

[2] "当一个人像我一样，从设计一个建筑和将其建成中获得这么多愉悦时，就能理解为什么我觉得无法以分析或规则来精确地描述每一个步骤……我非常确信根本不可能用语言来描述建筑……我一直很享受参观建筑，但不喜欢阅读有关它们的解释……建筑无法被完整地解释，必须被体验。"见：大卫·罗布森. 杰弗里·巴瓦作品全集. 悦洁译. 同济大学出版社，2016：148.

fig...03 卢努甘卡庄园远景，花园屋庭院。金秋野摄，2015年10月

巴瓦是用天地的大物料场来营建自己的小花园的，他的素材包括现成的土丘、稻田、牛油果树和素馨树、基地上旧有的房屋和断壁残垣、17世纪的柱廊、从意大利带回的雕像残片、雕塑家朋友手造的石瓮和壁画、葡萄牙殖民时期留在乡间的中国大水缸……巴瓦的工作是历史上所有造园者的工作——整山理水。在近半个世纪的岁月中，巴瓦移去大部分橡胶林，拆掉原有宅院的围墙，改变入口方向，延伸廊下空间，搭建观景台，平整场地，修建廊桥，将村路隐藏在植被之下，又削低坡度，将湖心岛上的塔尖迎入视野。为了防止北面岛屿被过度开发，巴瓦不惜将之买下，这说明他的设计范围是以目力所及的自然景物为界，而彼处早已超出了用地范围。以肉桂山为中心，以人的视野为半径，越远着力越少，最终经营的只是主屋所在的山丘。*fig...04*[3]

这座山丘自然多姿，隐含了丰富的道路系统和若干建筑群落，其实是作为一个完整的人工环境来构思的。这里最能体现巴瓦的思想——顺势设计。它的特征在于：弱化建筑单体，强调环境关系；将植被、地形、水体、新的或旧的建筑一概视为原始素材，无差别地纳入环境营造；以干涉最小、轻盈简便的方式施工；注重环境的人文品质而不是技术表现，建造

的目的是全方位的感官愉悦；等等。离开了这一点去看巴瓦的设计，仅从现有的理论范畴如地域主义、绿色建筑等去考察，是不能了解巴瓦的设计哲学的。一方面，这些作品可以说延续着纯正的功能主义传统，简练直率；另一方面，它的立意又远在节能、环保等现实关怀之外。巴瓦很少使用空调，却不是为了节能，而是为了舒适。在他的观念中，穿堂风是优于多数空调环境的。换个场合，假如空调环境在某些地方优于穿堂风，巴瓦想必不会出于节能的主张而弃之不用。在他的建筑世界里，感官优先于理念，因为它符合人文与自然的双重标准，又合乎常识。

比方说，一片疏朗的树林通常比旷野更令人感觉适宜，能替人遮挡风雨、抵御寒暑，阳光穿过树叶带来美好的视觉享受，更是派生的乐趣。人造环境难道不正应该向树林学习吗？对场地上的植被，巴瓦能不动就不动，顺势设计意味着以较小的付出最大限度地保存自然之美，何乐而不为？

但建造并不是为了"保存"自然，而是为了赋予自然"人文"的面貌，或者反过来说，营造"自然态"

[3] 关于卢努甘卡庄园，具体内容参见：Geoffrey Bawa 等，2006；大卫·罗布森，2016：244-266.

fig...04 卢努甘卡庄园主屋。金秋野摄，2015 年 10 月

的人工环境。巴瓦保留清凉的赤足地面，将身体与环境之间的隔离物（鞋子或地毯）取消，也表明了这层用心，因为现代物质环境是以"隔离"来定义人工与自然的边界的。与巴瓦的"花园里的花园"形成对照的，是路易斯·康（Louis I. Kahn）对建筑的定义："世界中的世界"。[4]康通过繁复的几何操作，用演绎法生成精密的建筑空间，编织出万花筒般抽象的建筑环境，一种文字符号般精密纯净的"宇宙图示"："建筑就是自然不能创造的东西"。[5]康的萨尔克生物研究所（Salk Research Institute, 1959—1965）中庭不要树木，正是这种抽象到极致的环境观使然。现代建筑经典不乏这样的实例，建筑成为某种观念的极致表达和理性推演，并代表着某种宗教般的精神追求。巴瓦并未急着否定前辈开辟的精神之路，他只是依直觉走向另一个方向。

这种"自然态"的建造观，也体现在事务所的建筑图纸中。巴瓦做设计通常只用很少工程图纸，[6]大量工作依靠设计草图和现场调试来完成，我们在《杰弗里·巴瓦作品全集》（下文简称《全集》）中看到的建筑图绘其实是一种"竣工图"，或者"工程表现图"，它完成于工程结束之后，却表达植被生长达到最佳状态之后的情景。*fig...05* [7]从此植被将被修剪，

保持图中的"理想状态"，有相对合宜的种类、高度、密度和比例，如同柱子和墙壁等建筑元素。巴瓦耐心地安排着理想世界中的一草一木、一砖一瓦，使其各就其位。相应地，这些图纸也就成为理想世界的理想图景，对应于布扎体系倾注于建筑自身的精密数学关系和细节分配，它们表达了远为庞杂却相对模糊的"万物美学"——巴瓦的"自然态"黄金比。巴瓦将建筑学意义上边缘化的"配景"转变为建造活动的核心内容，强化了与环境关系的同时，为"营造"一事注入时间维度。这些图绘所采用的莫卧儿王朝细密画风格，也佐证了巴瓦环境思想的东方基因，在仇英等画师赓续的中国工笔画传统中，万物就是以均等的重要性进入一个用心建构的"花园"，人物、建筑、服饰、花木、器物，毫发毕现，没有主次之分。

我们不妨认真探讨巴瓦物质环境中的"万物"观念的独特性。卢努甘卡原本就是花园，自然地形

[4] 戴维·B. 布朗宁等著. 路易斯·I. 康：在建筑的王国中. 马琴译. 中国建筑工业出版社，2004：126.
[5] 路易斯·康1963年在耶鲁课堂上的谈话.
[6] 参见大卫·罗布森，2016：153.
[7] 参见大卫·罗布森，2016：148.

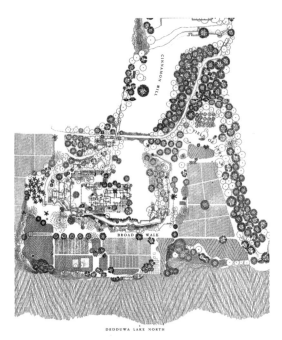

fig...05 卢努甘卡总平面和局部透视。来自：Geoffrey Bawa 等．
Lunuganga．Marshall Cavendish Editions，2006：20-21，124-125

fig...06 科伦坡33街巴瓦自宅入口走道旁的袖珍院落。金秋野摄，
2015年10月

和植被的重要性不言而喻；故而，置身高度密集的城市环境中的作品更能说明"顺势设计"的运行方式。巴瓦的科伦坡33街自宅并无一般意义上的"核心空间"，但并不匀质。面对基地上原有颇为简陋的传统坡屋顶住宅，巴瓦并未采用现代建筑的常规做法：拆或不拆，都引入一个全新的、与环境彻底脱开的语言体系，造一个"世界中的世界"；他是随物赋形，将连续屋面下的四栋房屋顺势接纳，内部空间稍作调整，用最小的人力成本和投资预算得到一个内向的"园宅"。重要的改变除了核心交通空间，就要数若干似连似断的庭院。与庄园不同，自宅的建筑覆盖率高得多，庭院是作为建筑的"零余"而存在的，但它们却在各个环节成为感知的核心。巴瓦将不同尺寸的庭院插入不同位置，为空间赋予灵性。入口白色门廊中两处"袖珍"庭院故意高于地坪，像"盆景"般带来自然意态，功能上则提供采光和隐蔽的视线（其中一处可从巴瓦的卧榻瞥见）；核心起居空间的庭院在相对昏暗的室内环境中成为绝对的

视觉焦点，也是室内的自然延伸，模糊了内外关系，并引出通往服务区域的路径。在较小的尺寸上，自然浓缩成一株紫藤、一片天空，变成具有空间和功能作用的"盆景"，而与建筑空间等价。fig...06在这里，原始的基地条件成为"地形"，巴瓦的做法类似于街头巷尾的自发性建造，以极轻便的动作完成任务。

同时，似乎是为了强化这个以建筑为主体的内向式"花园"的丰富物质属性，巴瓦将一大堆物件投入其间。这种投放绝不是随意的，物件经过精挑细选，是储存了主人生活经历的"既往之物"。弗兰德（Donald Friend）手绘的木门安放在改造前的入口，卧室床头是印度淘来的古代织毯，转角处挂着坎达拉玛酒店（Kadalama Hotel，1991—1994）猫头鹰雕塑的设计样品，二层客卧外的飘窗上是拉基（Laki Senanayake）为大阪世博会制作的金属叶子。fig...07可以说，自宅中每一个物件、每一件家具，无论新旧，都与真实的生活经验有关，让巴瓦素白的现代室内重新拥有19世纪殖民时代庄园房间的亲切氛围。这

fig...07 科伦坡33街巴瓦自宅的核心起居空间及庭院。刘西革摄，
2016年2月

是一种奇妙的组合，打破了建筑史中"布尔乔亚居所"与"包豪斯式现代住宅"间的二元对立。柯布等现代建筑师通过"总体设计"将"无用的装饰品"请出现代居室，巴瓦又将它们请了回来。

这是一座私人博物馆，是生活的百科全书，是"物"的花园。古董并不因其年代久远而获得溢价，它的价值或许仅在于记录了一次难忘的私人旅行。巴瓦将个人情感深藏在内心的密室，又将人生故事通过家宅物品袒露于众人面前，隐晦的暴露欲就这样化成日常审美。这一切，连带庭院的措置安排，都一丝不苟却带有洒脱的肆意，就像入口走廊采光井中那株小树下摔碎的花盆，记录着移植当日一个随性但充满诗意的动作，不假修饰。*fig...01* 设计即摆放：这像是巴瓦提供的答案，揭示了他对时间的态度。南亚次大陆上古代遗迹层层叠叠，历史观念的贫乏让人们对古迹缺乏现代意义上的敬畏，印度教寺庙变成耆那教的塔，又拆碎重组成为清真寺，这样的事情时有发生。启蒙观念切断了历

史的延续性，将世界史分成一个古代世界和一个现代世界，一些事物被贴上标签，送进博物馆或变成文化遗产，从此不再参与生命轮回和物质循环。这一点，不仅拉斯金（John Ruskin）不赞同，巴瓦也用行动表示了不以为然。在印度南部马杜赖的俱乐部（the Madurai Club，1971—1974）设计中，业主要求全部建造素材来自方圆十公里之内，巴瓦动员了很多朋友搜集旧物，拼贴到建筑中。灵感或许来自意大利，那同样是个拥有漫长文明历史的国度，斯卡帕（Carlo Scarpa）也曾将古代的门楣安放在现代花园的入口。但搜集旧物的做法肯定与自宅漫长的建造过程有关，我们都知道巴瓦对芭芭拉·桑索尼（Barbara Sansoni）等友人测绘古代建筑的随性态度，他似乎并没有现代知识分子"对历史负责"的文化自觉，对古代的物品，根据审美和用途进行归类，然后不加区分地投入建筑中。同样地，抽象知识传统像本地文化遗迹一样，在巴瓦的观念中并无特定的血缘身份归属，只要通过审美的考核就可随意取用，故而，

fig...08 灯塔酒店中庭的草坪和基地上保留的石头。金秋野摄，
2015年10月

巴洛克建筑的棋盘格手法被他用来做天堂路别墅俱乐部（Paradise Road the Villa, 1990）的铺地，也用来布置卢努甘卡的水田。

《全集》的作者称这种做法为习惯性的"旧物拼贴"（bricolage），其实天底下并无"新"物，一切都是本来存在的，所以巴瓦拼贴的对象何止旧物。似乎一切现实物品与抽象观念都能无区别地拼贴在一起，融化在他的建筑世界里，无论自然人工、东方西方、古代现代、新的旧的、死的活的、有用无用，彼此不相冲突。自宅门口的月亮石、伊娜·迪·席尔瓦住宅（House for Osmund and Ena de Silva, 1960—1962）檐下的古代石柱、灯塔酒店（Lighthouse Hotel, 1995—1997）中庭的天然石头块和圆楼梯的巨型战斗雕塑 *fig...08*、本托塔海滨酒店（Bentota Beach Hotel, 1967—1969）水庭下方的城堡遗址和入口天花上俯瞰众生的金属章鱼（太阳神）雕像……在坎达拉玛，甚至巨大的山岩、裸露的壁面、虬曲的古木和满山的猴子都成为建筑鲜活现场感的拼贴物；建筑简化到只剩框架，而后化身为巨大的取景器，将山岚、雾霭、晨昏朝夕、古代的人工湖和岛国最负盛名的遗迹——狮子岩（Sigiriya）拥入怀中。巴瓦真是把这个活生生的世界拼贴到了极致。

其实现代建筑也是巴瓦拼贴游戏的素材之一。自宅中那座三层高的塔楼部分就是勒·柯布西耶（Le Corbusier）的白房子，连屋顶花园都如出一辙；其他如卢努甘卡庄园的主屋卫生间和阿瓦尼酒店（Avani Hotel, 原名 Serendib Hotel, 1967—1970）的庭院走廊，都带有鲜明的柯布印记。最能体现巴瓦对柯布的借鉴的，是他雕塑式的楼梯及交通空间。本托塔海滨酒店餐厅和33街自宅的楼梯都是如此 *fig...09-10*；坎达拉玛入口处与岩石相切的素白壁面 *fig...11*，向前一直延伸到通往6层的楼梯，也有鲜明的雕塑特征。巴瓦建筑的外观特征一般不太明显，交通空间反而像洞穴般充满体积感，似乎在纯粹功能性的部分，巴瓦更乐意借鉴早期现代建筑独特的空间氛围。与亚洲的普罗米修斯——多西（B. V. Doshi）或坂仓准三等不同，巴瓦对现代建筑经典作品或知识系统似乎并不怀有天然的敬畏和亦步亦趋，他只是凭喜好或功能不加区分地"使用"之。例如葡萄牙筒瓦这种传统材料，巴瓦拿来与水泥波纹板贴在一起，不仅降低造价和施工难度，且解决了防水、隔热、视觉效果等一系列问题。经此一步，传统僧伽罗—葡萄牙建筑的坡屋顶也得以贴入现代建筑的钢筋混凝土体系。

fig...10 巴瓦33街自宅的楼梯。金秋野摄，2016年3月

fig...09 本托塔海滨酒店餐厅的楼梯。金秋野摄，2015年10月

fig...11 坎达拉玛酒店入口处的塑性墙体和裸露的石头。金秋野
摄，2015年10月

最终，在整体上，巴瓦对密斯（Mies van de Rohe）的匀质空间（Universal Space）情有独钟。当路易斯·康在1960年代抛弃了均匀柱网并重返单元聚合之时，巴瓦让匀质空间融入乡土。必须将巴瓦的努力看作自觉的知识建构，似乎稍微不同于其他素材无差别的自由拼贴。在巴瓦并不太突出的个人设计语言中（这也恰好印证了赖特所谓"大自然没有风格"的判断），连续框架梁柱体系一直牢牢占据核心位置。巴瓦可以说是一位只用框架体系就造出无穷变化的建筑师，或者缘于他专业知识的匮乏，或者是"适可而止"的建造态度使然。如果说早年的席尔瓦医生住宅（A. S. H. de Silva House, 1959—1960）只是对密斯"砖宅"平面构成的简单模仿，巴瓦晚年语言洗练克制，随意的动作越来越少，跟密斯一样，仿佛是在试探修辞学的底线。无论是碧水酒店（Blue Water Hotel, 1996—1998）的门廊还是坎达拉玛的立面，似乎都是简化、平实化了的密斯，朴实无华，大开大阖。到赤壁之家（Pardeep Jayewardene House, 1997—1998），所有装饰和巧思都已荡涤一空，巨大且略倾斜的钢结构水平屋面笼盖之下，三组室外家具散漫地占据着规整网格下的自由空间，组成巴瓦钟爱的棋盘格，巴洛克和密斯无声地融为一体。*fig...12*巴瓦仿佛是在用建筑告诉我们：世界如此丰盛，唯简单建筑才能安放。

"顺势设计"同时意味着轻盈的物质操作。巴瓦多数的建筑都缺乏充足的资金，杰作频出的1960年代，更是面临全国性的经济衰退和进口限制，几乎没有称手的材料，以至于席尔瓦医生住宅的水池只能采用玻璃碎片装饰。可以说，巴瓦建筑的本土化特征是被动适应的结果。与很多著名建筑师不同，巴瓦经手的项目几乎不会超预算，也不会为了个人表现耗费业主的时间与金钱。巴瓦对待建筑的轻松态度，不仅表现在设计过程中，也可从最终的结果上印证。他在某篇文章中提出建筑三原则：满足建造的初衷；符合周围的环境；聪明且真实地运用材料。[8]这种态度未免是实用主义的，建筑却往往因此而耐久，不像一些现代建筑，用粗劣的材料和想当然的施工方案表达炫酷的理念，最终却经不起时间的考验。

在建筑学的领域中，巴瓦也许并不是个勇敢的开拓者——以鲜明的个人探索延伸形式语言的疆域；他的优势在于综合。建筑史偏爱实验性和学院派，很多著名的经典案例其实是"费力"的设计，在观念上或许清晰诱人，建造上却既不轻盈也不简便，甚至自讨苦吃。苦心寻找"本质"、引经据典、演绎出复杂的空间形态、辅之以独创的结构方案、从环境中凸显自身的与众不同，似乎成了优秀作品的注脚。当"自我挑战"成为英雄信条，蕴含在建筑师职业中的神性或许得以彰显，现实却未必从中受益，在消费主义大行其道的今天，更可能成为资本和传媒的共谋。巴瓦并未像柯布一样大声疾呼，从他的行动中也可看出他的立场和态度。"顺势设计"不是建筑师的逃避，而是对自己和世界的一个交代：如果空间审美被种种极致追求所绑架，就无法呼吁人们自我克制，可持续的设计终究是一句空谈。

巴瓦的作品是关于"度"和"分寸"的成熟设计。作为设计师，巴瓦长于拿捏，知道何时开始、何时结束，不做无益的投入。他的房子里也因此缺乏极致的空间表现，即使斯里兰卡新议会大厦（New Parliament of Sri Lanka, 1979—1982）这样的纪念性建筑，感觉依然是绅士风度、温文尔雅，强调"关系"而不是个体空间的原创性或造型的新鲜感。巴瓦的建造态度甚至可以说是带点中庸的，也因此避免了对传统、现代、乡土或自然的偏执信念。得益于独特的家庭背景，巴瓦的建筑事业以代表个人审美生活的"花园"为终始，具有特殊重要的意义。巴瓦不是启蒙主义和乌托邦的传人，不认为建筑可以改变世界，也不认可理论对常识的践踏，无论面对建筑问题还是政治问题都是如此。身为伯格人，巴瓦事务所里

[8] 巴瓦，《一种建造方式》（"A Way of Building"），出自1968年《锡兰建筑年鉴》。转引自：大卫·罗布森，2016: 66.

fig...12 赤壁之家水平伸展的屋顶。金秋野摄，2016 年 3 月

有僧伽罗佛教徒、泰米尔印度教徒、帕尔西袄教徒和南印度穆斯林，一幅种族和信仰的拼贴画，这在观念冲突长期存在的南亚并不寻常。

巴瓦没有享誉世界的旷世杰作，但他提出的坡屋顶院落式居住方案却影响了斯里兰卡的城市形态，他所倡导的设计建造一体化、建筑环境一体化的设计理念和家庭作坊式的工作方式也影响了很多当代建筑师，如印度的"孟买工作室"（Mumbai Studio）。巴瓦的职业生涯从私人宅园开始，个人对世界的想象和审美关注是他的终极问题，保证了他对世间万物的平等心。与启蒙建筑师的家国天下相比，巴瓦的立足点未免是小的，却开辟了一种与古代审美生活相呼应的、注重身体感知的物质文化，发展出顺应广义"地形学"的顺势设计方法，体现出以精准物质营造为手段的高级环境伦理意识，和建立在个人经验基础上的、推己及人的建筑学。

无论在城市或乡村，巴瓦都能超越现代建筑学有限的知识视野，返回广阔活泼的建造活动本身。

更为重要的是，巴瓦并非知识的颠覆者，他站在时代巨人的肩膀上，不仅探索建筑学科的一些基本命题，以自身实践为现代建筑带来向生活展开的全新机会。巴瓦的作品代表着建筑学领域几何信仰之外的另一种可能追求，一种"在世间"的"适度"审美，从而唤起人们对常识和理性的关注。"顺势设计"的立场意味着：与其自立体系，不如顺乎常识；人的构思再精妙，也不似自然无风格的完美；自然与人工本是一体，互相映衬获得意义；由知识重返经验，则天地万物都是建造的素材。现代建筑推崇知识自觉、肯定人的创造、充满乌托邦理想，这并非坏事，但稍不留神就过犹不及，古老而沉重的东方世界里或许残存着一些行动法则，它的理想状态是领悟思想行为本是自然的一部分，人理应御风而行，让力与美顺势显现。从这个意义上说，被称为亚洲"上师"的巴瓦是在召唤古老智慧以"驯化"过于自信的现代建筑，他的"顺势设计"乃是万物平等的环境营造，人与自然得以重新素面相见。

乌有园
第三辑
观想与兴造

90

ARCADIA
VOLUME III
2018

引

巴瓦之庭

董豫赣

相比于弗兰姆普敦对地域性建筑谨慎的理论定义，我更喜爱巴瓦对斯里兰卡建筑史的实践性描述，他认为，所有历史时期斯里兰卡的所有优秀建筑，就是斯里兰卡优秀的建筑，他没将斯里兰卡建筑区分为无关价值判断的——受印度／葡萄牙／荷兰影响的、早期僧伽罗的、康提的、英属殖民的，而直接聚焦于建筑判断的——优秀的，这一同义于"优秀的"而重复的语句，又因巴瓦对建筑的建议——建筑应通过所有感官来感知，使得理解什么是"优秀的"建筑，有来自感官的判断为依据，它们无须地理或历史知识，就能以感同身受进行判断。

至于感知什么，巴瓦认为，斯里兰卡业已丢失的非凡建筑传统，就是正确地"通过"景观来建造，我因此以为，感知巴瓦建筑的优秀之处，就是感知其建筑与景物间的密切关系，我也不准备圈囿于巴瓦本身的实例，而以曾触动过我的那些与景物结合紧密的建筑——我也不分时代与地域，以它们旁敲侧击地理解巴瓦的优秀建筑，《巴瓦之庭》就是这类尝试的第一篇。

fig...01 流水别墅低檐

fig...02 巴瓦卢努甘卡庄园入口门廊

之一

庭低檐

十多年前，张永和在北大的建筑通选课上讲到赖特的流水别墅，在他播放的幻灯片上，别墅露台低矮的水平檐口下，正立着一位高个游客，他的头部，几乎顶到檐口。张永和一本正经地讲——赖特之所以设计这么矮的檐口 *fig...01*，因为他本人的身高不足一米六，我当时坐在第一排听，忍不住笑出声，张永和停下来，做出一副心虚的表情问我：

"赖特是不是不止一米六？"

我并不清楚赖特的具体身高，隐约觉得，这或是张永和对柯布西耶模度人的调侃，如果将身体仅作为度量空间高低的尺度，建筑师或业主的身高，倒真可能大幅度调整建筑空间的高低。

2016年初，与李兴钢工作室成员一起，赶赴斯里兰卡的巴瓦建筑之行，在巴瓦自己的卢努甘卡（Lunuganga）乡间别墅入口附近，有一截廊道，低矮得让人惊讶，我让同行的李喆作模度，他毫不费力地头顶额枋。*fig...02* 李喆算是高个，却不算太特殊，而巴瓦，据说有着常让甲方迫胁的瘦高，我只能想象，他每次从这廊中出到庭中，大概都要俯首。他宁可低头也要设计如此的低檐，应该不是将自己的身体作为空间尺度的结果。

从大卫·罗布森著、悦洁翻译的《杰弗里·巴瓦作品全集》（同济大学出版社，2016年；下文简称《全集》）看，巴瓦在伦敦建筑联盟求学时，尽管显示出密斯和柯布的双重影响，而按巴瓦的一位朋友的回忆，他一直喜欢的现代建筑师却是赖特。赖特的流水别墅，最让人意外的，也是其尺度之矮，我对此并不意外，这大抵是赖特受日本传统建筑影响的结果，当时我也以为，这有传统日本人普遍身高不高的身体缘由。

尽管对日本建筑的低檐，有这些准备，2015年在日本京都，初见诗仙堂，还是让我错愕，当时与葛明一道，转过玄关，忽然进入诗仙堂，立在堂尾幽暗的空间内，连我的身高都觉压迫。*fig...03* 压低的倒不是想象中出挑深远的檐宇，而是细柱间刚过头顶的交圈长押，它们几乎以一种暴力的圈围，要将

户外的风景截除在外，而非将风景轻巧地裁剪入堂。另外，没于屋宇上空浓暗的眼睛，也难以逼视外部对比耀眼的明亮景物。这两种不适，迫我席地而坐，坐在柔软的榻榻米上，一切渐渐变得正常。*fig...04* 俯入的光线，顺着榻榻米而来，将内外对比强烈的明暗，滑成渐变，亦将外部风景，惬意地带到眼前，在降低的视野里，横楣之上、屋顶之下的那截空间，一时竟觉它尚有高度的冗余，但它们仅在内外结界处密闭的小壁，代替了日本通常出挑深远的压檐，成为裁剪庭园景物的上部画框。我忽然意识到，日本屋檐的低矮，或与日本人的身高并无太大关系，在

fig...03 京都诗仙堂立看

fig...04 京都诗仙堂坐观

乌有园
第三辑
观想与兴造

92

ARCADIA
VOLUME III
2018

之二

狭水庭

这类日本人曾经日常的坐姿下，压低的檐口或横楣，就是正常视高内裁剪风景的必要，它们将建筑与景物，媾和为密不可分的居景关系。

关于巴瓦屋檐压低成暗的用意，巴瓦没有详解，他只是以类似赖特有机建筑的口吻，宣称要通过户外景物正确地建造，他反对以建筑驱赶自然的方法。对这类低檐所造成的室内外明暗关系，按王澍的中国讲法——中国建筑内部的光线幽冥，旨在凸显外部明媚的自然景物；葛明曾以生动的比喻，诠释中国建筑水平屋檐压低的构造意义——披檐就如孙行者在额上手搭凉棚，以让外部明亮的自然物象，能在这个手搭凉棚的阴影内，呈现得更加清晰。这两种诠释，都指证着建筑可以空间明暗的身体感受，来媾和建筑与自然的居景关系。

巴瓦工作室的狭长水庭 *fig...05*，在明暗、高低、狭阔间展开的空间诗意，在纵横两个方向交错铺陈。前庭入口与这座狭水庭间，有条幽暗走道，宽不足米，它们被两侧服务用房夹成狭庭前序，这条狭序，以中部一个放大的方形空间，将这条前序截成窄－宽－窄的宽窄变化，而这个方形空间拔高的一截椎体屋顶 *fig...06*，也将它裁出低－高－低的高低节奏。在这处方形空间内，明暗也开始变化，远处狭庭上下的天光水光，沿纵轴漫砖而来，将这处狭庭的幽暗前序，与那处狭庭的波光沉碧，连接起来。这处狭庭附近的空间，与巴瓦《全集》里的照片相比，有两处改动，我以为都很关键：

1. 狭池池底的面砖，由湖蓝改为黑灰 *fig...07-08*，改观了它无关景物的泳池气质，它们让大约20公分深的

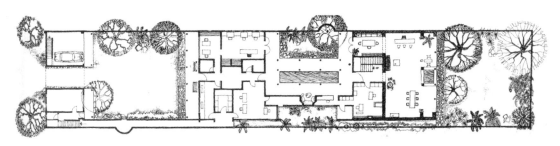

fig...05 巴瓦工作室的狭庭平面

fig...06 巴瓦工作室前廊中部高低

fig...07 巴瓦工作室的庭池原貌

fig...08 巴瓦工作室的庭池现状

fig...09 巴瓦工作室的庭廊现状

fig...10 巴瓦工作室的庭廊通庭现状

水，竟有些幽深意象，几盆植物与几尾墨脊青鱼，也将它从泄水天井的功能空间，转换为可观的池庭景物；

2. 狭池那端，原本正对着一条通往后部工作室的通道（见 *fig...05*），通道一侧，还有条通往阁楼的楼梯间，这条通道，如今被木隔扇封住，保留了视线在狭长方向隐约的延续，却堵住了身体在这条狭轴上贯通 *fig...09*。我很喜爱这处狭庭动线的中断，它将身体从一直在狭长空间里的运动，带转方向，折入庭左一个开阔的方庭 *fig...10*，变奏出身体的狭—阔感受。

李兴钢却更爱那条原本通畅的轴线，在他看来，狭长的水池，虽建立起空间意象的绵长纵轴，但在现场感知里，庭右一方嵌入墙龛内的梯形座位 *fig...11*，忽然扭转了这条狭长空间的纵轴方向，身体落座在这处横轴浓暗处的龛内——如在舞台包厢，以身体之静，静观狭长水庭两侧长廊的动态 *fig...12*。他由此认为，只有那条动游纵轴的足够长度，才能反衬出这条短促横轴把控纵横空间的身体感知。但我依然觉得，那条原本贯通无碍的纵轴，有些冗余，但也惊讶于李兴钢对空间感知的敏锐。

我曾在2015年完稿的一本《天堂与乐园》里，比较过中西方建筑如何处理大空间内的身体感：万神庙为万神提供的神龛 *fig...13*，解决了在万神庙宏大的空间内，如何安置神像的躯体问题，这一壁龛方式，曾被赖特在有机建筑空间内强调过，或许也发端了路易·康小空间支撑大空间的空间大小法；而中国人多半用屏风或挂落，从建筑空间内切分出符合人体感知的宜体空间，在这条脉络里，可以比较赖特的温斯洛住宅与留园五峰仙馆的空间分割。

温斯洛住宅以一个低矮的半圆龛 *fig...14*，从高敞空间内截出一截宜体的向景空间；而留园五峰仙馆的平面格局，则以系列U形屏风空间，将硕大的厅堂，也隔成前宽后窄的两截向景空间 *fig...15*，并以空间的宽窄，对仗两边庭园景物的狭阔。正是从这里看似自然的向景家具陈设里，当年发现温斯洛住宅壁龛内家具背景的做法，才格外意外，赖特向景而设的窗，或许来自日本庭园建筑内身体向景的建筑

fig...11 巴瓦工作室凹龛明暗

fig...12 巴瓦工作室凹龛内坐观庭景

fig...13 万神庙凹龛与神祇

fig...14 温斯洛住宅窗龛与座位

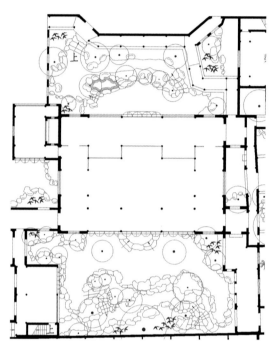

fig...15 留园五峰仙馆平面

影响，而其家具向内部的方向，或许遗传了欧洲建筑以壁炉为中心的身体面向。森佩尔以能源性的壁炉火光为核心的身体面向，在现代被空调暖气能源代替后，将面临身体的朝向尴尬。我的学生杜波在最近的毕业论文里，整理了赖特之后的新有机建筑流派的工作，从中可见：在与华裔建筑师李承宽的交互影响下，德国建筑师夏隆与哈林开始将赖特背向风景的家具，调整为敞向风景的舒适面向*fig...16*，因为面向不定的风景，他们几位建筑师的建筑形体，都开始变得应变而破碎——这或许被称为有机形，但在我看来，这或许是建筑与景观专业分离的难堪

结局。建筑师如今普遍失去对环境设计的控制力，也使得这些扭动的建筑朝向，未必真有机。

而巴瓦在他卢努甘卡乡间别墅里，所曾展示过的对辽阔景物的控制经验，使他对巴瓦工作室这方狭庭与景物的控制，异常精准。巴瓦工作室狭庭内的这个梯形凹龛，它近乎局促的低小，却将原本低矮的庭廊，衬出阔绰的尺度，横对狭庭之廊（见*fig...12*）。它是中国建筑特有的以横阔为正立面的面相，以期能有与景物交接的更长坡面，这或是中国建筑文化里"阔气"一词原本的气象，抑或是中国建筑要以歇山、庑殿顶将原本次要的山墙装扮成横阔的正面面向。坐在这个狭庭右侧的隐秘凹龛里，狭庭之水，作为第一层景物，狭长展开，池那边的那条狭廊，作为一层空间间隔，将狭廊那侧的第二层方庭景物推远，在狭庭方庭的两重明媚景物之间，隔水的那条狭廊坡顶，裹住的一团深暗，展现了坡顶在横阔方向才具备的框景魅力——其披檐高低的剧烈变化，在横对的视野里，最易于被身体感知，低暗的横向檐缘，将眼前的明亮景物，裁成三截层叠的横幅——最上一幅仅仅是暗示，坡向身体明亮的坡上瓦垄，昭示着单纯的天光照亮，中间一层横幅景物，却忽然变得丰富，幅中有墙面被火把曛墨的黄墙，幅左有种在缸中被裁剪得仅剩横斜枝干的灌木，幅右有为避让老树而凹的墙角，拐墙旁的老树，亦被裁不见冠，却挂落碧绿的藤萝，最下一幅水景，则被上幅的天光照亮，有盆池静绿，有池鱼动游。忽然就觉得此庭宜雨，在斯里兰卡的常态雨季，横廊挂落的两排雨帘，将注池、惊鱼、洗绿、溅碧，这处水殿风来的幽暗凹龛，就可久居，而那处狭庭外的方庭，在雨中应被三层雨帘模糊得仅余染绿的光庭。

从原先的照片看*fig...17*，方庭的植物，原本比现状稍多几丛，但都控制得恰到好处，它既没走向以精神摒弃植物的克制极端，也没有走向将庭园视为种植园的生态放纵，在斯里兰卡的气候里，植物很容易将建筑淹没为废墟，而巴瓦仅仅保留了两株

之三

水
木
庭

像样的植物。如今的庭园，与中国园林一样，植物之外几乎一律铺装成可供生活的场地，而巴瓦在廊内釉面砖与庭地方块水泥砖之间铺设的卵石（见fig...10），虽有对雨季排水的考量，这几种铺地脚感的细微变化，甚至也符合《园冶》对庭园铺地的微分要求。我尝试着坐在靠墙的那条条凳上，阳光温暖，却难以久留。一方面，坐在庭园里，面对的却是建筑；另一方面，隐没在对面暗影里的那座凹龛，此刻正显出宜人的幽静诱惑。在中国，幽是静的必要气质，而在那里，才是媾和建筑与庭园景物的最佳身体居所。

如果将这个狭庭面景的凹龛连续布置，它们就会布置出本托塔海滨酒店庭园餐厅外缘空间。fig...18这是周仪的发现。或许有着对装折研究的持久兴趣，周仪还发现这圈身体感极佳的面景凹龛，在巴瓦作品集的原图里并未出现，或许是后期装修者对巴瓦安排身体与景物间关系的理解，才设计出类似的空间意象。如果将这些在群柱间以梯形凹龛凹入凸出的座位描绘出来，它比巴瓦那座狭庭凹龛，更接近五峰仙馆以屏风隔出的凹凸面向。不同的是，五峰仙馆屏风隔离空间的深浅，源自对南北景物的狭阔匹配；而这座酒店的梯形凹凸，则源自对坐在餐厅内与外廊间两种身体感知的平衡，内部以凸窗面向庭园，外部则以嵌入凹龛内的身体，直面风景，背面竟以白墙fig...19，构造出身体背后的照壁意象。

而巴瓦习惯设置的双层宽阔的檐廊，其单坡向景的坡度，调节了餐厅内空间应有的高敞与廊缘面景需要的低矮fig...20，有了这样的空间高低的衔接，巴瓦就能蔑视垂拔空间或灰空间常有的无度浪费。

中间这座造景的方庭，它四坡向内而框景fig...21，其形虽接近合院的庭院，而其意则更近庭园。庭院之院，"院"字字形，《说文》说它从阜完声，但这个"完"，未必没有完成之意。我的学生朴世禹在研究汉代陶楼时发现，那些层数尺寸皆有差异的陶楼，一旦加上院墙，总体却几乎都近正方。或许，

fig...16 夏隆设计的本施住宅龛座向景

fig...17 巴瓦工作室的庭植原貌

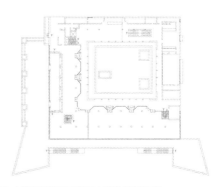

fig...18 本托塔海滨酒店庭园与周边建筑平面

fig...19 本托塔海滨酒店庭园与餐厅之间的连续凹龛

fig...20 本托塔海滨酒店庭缘檐廊高低的空间衔接

在合院成形之前,中国建筑的基本单元,就以围墙之院和合完形;庭院之庭,则特指重要建筑前的空间围合,中国后来最重要的厅堂之厅,古字写法的"廳"里的"耳"字,或许以功能将厅与庭连接为完整的仪式空间——厅是听事之所,上位者在厅内宣事,下位者在庭中受事。

李允鉌曾按中国建筑字词的偏旁部首,来判断建筑的等级——凡有"宀"字头的皆为重要建筑,如宫、室、寝等,以其有双坡顶意象;而"广"字头的单坡意象,则常用于低等建筑,如庑、廊、库等。

而我所发现的意外,就有厅、庭二字,这两个在中国建筑里等级最重要的字却皆为"广"字头,只有设想身体所处状态,才能大致判断这类意外的情形。宫、室或许是从外观上赋形,而寝的卧观状态,也容易观察到双坡顶;而在面庭听事的厅中平视,估计也只能看见坡向身体的那一披;至于庭字的单坡意象,则需要到庭中感知,无论是早期以廊串联厅堂的庭,还是合院后来以一圈建筑围合的庭,无论周遭是双坡还是单坡,身体在庭中四顾,所见一圈,应皆为单坡向内。这一点空间意象,在庭与园结合为庭园词组时,意义重大,当庭园摆脱了庭院的仪式性等级之后,庭园厅堂的重要性,就在于它四面向景,而庭园四坡向内之庭,则是庭园风景能被四周建筑最大化接触的结果。

用这一标准判断,本托塔海滨酒店的巨大庭园,最合这一庭园标准。它庭缘围合完整,庭园主景为水木 *fig...22*,方池亦铺黑底,水波幽远,池中三个植物池内,尽种巨大虬枝的鸡蛋花,几乎撑满整个池庭,木影乱波。

李兴钢为他工作室成员留下一个问题——这三池植物在池中的位置经营,有无准确的价值指向?我一直也在思考这一问题。自谢灵运在《山居赋》里提出"群木既罗户,群山亦当窗"以来,林木与山总是作为门窗的罗、当之物。罗者,罗列铺陈也,当者,挡也,门当户对的对仗也,景物作为门窗要网罗招致的对仗景致,同时也作为门前遮挡视线的景物,以置换门板窗罗的遮蔽功能。在白居易的庭园生活里,还曾面临要在山与林木两种景物间抉择的困难,他最终决定伐去遮挡窗景的林木枝叶,他感慨道,不是不喜爱林木当窗的庭园意象,而是更喜爱远山当窗的远景。

巴瓦这座池庭中茂密的植物,就同时兼备这两种功能——林木作为庭园四周的当窗景物,同时也承担着遮挡视线的分区功能。从总图上看,这座方庭四周,底层一圈皆为公共功能,比较私密的两层客房,以L形平面架在庭园上方西北角 *fig...23*,相应地,它们面向

fig...21 本托塔海滨酒店庭缘四坡向内框景

fig...22 本托塔海滨酒店庭池水木

fig...23 本托塔海滨酒店庭池上方 L 形布置的酒店客房

fig...24 本托塔海滨酒店庭池植物与酒店客房之间的遮蔽关系

fig...25 本托塔海滨酒店二层交通要道处所见植物与池面关系

庭园的底层空间。遂将人群活动最为频繁的餐厅与接待设置在西北这两条，热闹地敞向庭园，却不会对楼上的客房产生视觉干扰；庭园东南两条空间内，设置着相对安静些的饮品功能，而其庭缘，并没设置如西北角一样的户外家具，因此，这两条檐下空间即便偶有人来往，也不至于太影响从这两空间内可仰视的客房部分，而即便在仰视的视野内，也多半是被庭檐裁剪的茂密鸡蛋花枝所挡。fig...24 这三池植物，南二北一，我曾假设过它们位置的几种关系，但对隔离客房与底下饮品空间的视线而言，似乎都能担当，或许南

部的两盆巨大植物，可将整个方庭之水笼罩在阴影内。另外，从通往客房的主要楼梯上来，俯瞰整个池庭，既能看见植物满庭的景象，还因北部一池植物的偏西，使得这个转角空间，空出了庭木下对角视线里最长的俯瞰水景。fig...25 我以为，这处视角植物的疏密关系，既有白居易修剪树枝看山的类似智慧，或许还能解答李兴钢对植物经营的提问。

就我的观察而言，每当就餐时间前后，在这个人造庭景内占座闲望的人群，并不比外面直接观海的人群少。

之四

望海庭

张永和当年讲述的一个酒店，我记住了那个场景的动人意象，却忘记了建筑师的名字，以及项目的名称。如今想来，应该就是巴瓦在阿洪加拉设计的传承酒店，张永和描述的场景，就是那条大堂入口前的望海轴线，车道从一条留园般狭长曲折的前序里蜿蜒，正对酒店大堂时，却被水中一片椰林所阻，在这个车行位置 $^{fig...26}$：

1. 高冠少荫的水中椰林枝干，与大堂内阴影里的群柱混淆，为了实现这一意象，大堂内的群柱，从椰林这边的两排白色大方柱开始 $^{fig...27}$，向着大海方向的三排柱列开始变形，柱距变密，柱径变小，柱身变圆，并刷成彩色，以从形态上，试图与白方柱那边的细密椰林混淆。这是李兴钢工作室的研究发现。

2. 椰林所在水池，则试图凭借大堂地砖笼罩在阴影内的釉面高光，与另一侧的蓝色泳池，以及与更远处的蓝色海浪连为一体。为连接这三部分水域的波光意象，除地面反光外，巴瓦还设计了两个关键节点：一是在大海与泳池之间，架起一艘木船，以其模糊隔离泳池蓝水与大海碧浪间的一截沙滩；二是在大堂反光地面与泳水碧波的结合处，将泳池之水引入大堂内的一跨空间 $^{fig...28}$，大堂最边缘的一排细圆柱，就此跨入泳池中的植物池内，这是日本庭园才有的少见机智——将自然景物纳入建筑的柱间檐下 $^{fig...29}$，也是建筑与景观专业不曾分离的智慧。

这排跨水细柱，有别于大堂其余几排细柱的绿色，它们被刷成黑色，或是为模拟大堂另一侧池中

fig...26 阿洪加拉传承酒店入口，远观树池与海的关系

fig...27 传承酒店大堂柱子疏密色彩变化

fig...28 传承酒店大堂与庭池水
面空间凹嵌关系

fig...30 传承酒店 U 形池庭

fig...29 日本金泽兼六园抹茶室
池庭入廊

fig...31 传承酒店大堂与庭池水
面交接关系

fig...32 本托塔海滨酒店庭池与
水面交接关系

椰林树干的逆光效果。这两个跨与刷的简单动作，就将巴瓦在这条望海轴线上的两种意象构造紧密连接——以大堂柱林模糊椰林枝干、以大堂幽暗的地面反光，混淆椰池、泳池、大海之间的水面。

或许是为担保这条意象丰沛的望海轴线的视觉通畅，巴瓦放弃了他在本托塔海滨酒店以低檐控制景物的框景视线，在这里，大堂周围环绕泳池的 U 形空间 fig...30，都被举高到巴瓦建筑里少见的庭缘高度。在大堂空间，因有跨水的这跨空间，这条临水敞廊（见 fig...28），就被扩展为两跨的进深，它们的深度，能担保大堂内望海的视野，能被高檐收束；而在大堂两侧酒吧与西餐厅外廊，尽管都以一整跨的开敞宽度，与大堂的敞厅一起，构造出一座 U 形环池的庭园轮廓，但它们过高的檐口，不但难以为檐下身体提供身体可感的望庭收束，还难以经受斯里兰卡海边雨季的斜风肆虐。据说，巴瓦自己就在这里经历过一场狂风骤雨的袭击，他看见人们来回

奔跑，连钞票被吹落泳池都顾不上了。尽管他将这些视为激动人心的经历，但外檐上如今挂有一些破败的半透明折叠帘幕 fig...31，还是试图在雨季临时行使遮风避雨的功能，而跨入大堂内那截泳池水面最窄处的一截挡浪浮板，也显出对雨季席卷大堂池浪的预计不足，这处池缘细部，也不如本托塔海滨酒店庭园考究，后者的池缘 fig...32 临水一圈沥青卷铺的黑色排水沟，与其池底黑面砖颇为照应，它不但比这处以粗面石条铺设的泄水槽宽，这圈沥青沟槽

fig...33 传承酒店餐厅裙墙与檐口关系

fig...34 传承酒店餐厅内框景关系

fig...35 京都圆光寺书院檐廊蔽雨关系

外低内高的构造，也比望海庭池外高内低的构造更加有效。从本托塔海滨酒店庭池的当年图纸来看，那圈泄水沟槽与庭廊之间，原本还沿用了巴瓦惯用的一圈类似散水坡的卵石铺地，它们也可被视为加强版的避水构造。

这座 U 形的望海庭，尽管因其高度而局部丧失了对檐下生活遮风避雨的功能，但巴瓦对空间高低感知的极度敏感，让他在檐内两侧设置相应的功能时，对栖身其间望向庭园海景的视野进行空间微调：

1. 大堂左侧面庭的一翼，如今用作封闭的西餐厅，它控制视野或避免斜风骤雨的方法 *fig...33*，很像赖特早年的草原式建筑——他利用抬高的窗下墙，来弥补出挑不够深远的避风雨功能，攀向室内

的几步台基，不但降低了大堂过高的空间，窗下墙与出挑的檐廊平顶，也合成了收束景物的可感视框 *fig...34*。我以为这也是中日传统建筑后期的基本差异——日本建筑因袭到近代的席地而坐的向景身体面向，使得建筑底部难以被封闭，因此以各种变形的构造 *fig...35*，保留了唐代出挑深远的遮蔽尺度；而宋代垂足而坐的中国人，则发明了下部密封为障水板的隔扇，它们抵消了檐口出挑深远的部分功能，有了这层抬高的障水板 *fig...36*，明清盛行的浅檐，不但解决了观景避雨的问题，还解决了深檐室内光线过于黯淡的日照问题。

2. 传承酒店的大堂，右侧向庭的一翼，被分割为除开敞廊之外的两部分：朝向大海开敞的一面，

fig...36 拙政园留听阁障水板避雨方式

fig...37 传承酒店大堂右侧茶座

则以高低不同的茶座*fig...37*，以待风雨；而朝向大堂的部分，则封闭为品酒室。从原有图纸看，这部分开敞空间的抬高，应该是后期应对风雨的改造，它们也一样有效控制了檐口与景物的收束关系；而那部分封闭在玻璃窗内的品酒空间，抬高的高度相当可观，在内部外望，正好可以掠过窗外散座的人群，而俯瞰池庭碧水，为在这个品酒室远离泳池的空间内还能俯瞰庭景，它再次抬高几步，还以反梁的构造，将楼板进一步降低，将这处尽端空间压缩为类似巴瓦工作室狭庭内的宜体壁龛，而其空间高低分界处图案化的阑干装折，却阻碍了这处凹龛面景的视觉空透，不管这是否巴瓦的设计，都显得不合时宜。

图片来源

图01，图13~图14，图16，图29：来自网络

图02~图04，图06，图08 ~图12，图19~图28，图30~图37：作者自摄

图05，图07，图17：出自《杰弗里·巴瓦作品全集》（同济大学出版社，2016年）

图15：刘腾宇摹自刘敦桢《苏州古典园林》

图18：刘腾宇摹自《杰弗里·巴瓦作品全集》

乌有园
第三辑
观想与兴造

杰弗里·巴瓦剖面研究

葛明

陈洁萍

引子

杰弗里·巴瓦（Geoffrey Bawa，1919—2003）一直以斯里兰卡的代表性建筑师和亚洲大师的形象出现。他以前主要是与哈桑·法赛、柯里亚等建筑师被列在一起讨论，但现在更多地与墨西哥的巴拉干、巴西的意大利裔建筑师巴蒂等人放在一起，而且影响日益深远。他是如何突破地域性的限制，传递出更深远的建筑意义的？

在全球都市化背景中，建筑的意义何在已经不知不觉沦为一个特别的问题。一般说来，地域性工作常常是对这种不知不觉的安眠状态的一种抵抗，但它有时未必能够深化对建筑意义的讨论。赫尔佐格提到罗西就曾表述过类似的命题：建筑学只能从内在出发进行自我界定和改造。当然，这一命题是否成立，需要面对当代的境况提出新的途径。因此，挪威的费恩、瑞士的卒姆托、早期的赫尔佐格等人直接从物体（或结构体）和场所出发思考这一命题，形成了当代的一系列探索。那么，巴瓦、巴拉干、巴蒂以及意大利的坡尼斯（Alberto Ponis）等人的工作意义呢？他们的作品往往呈现出一种面对罗西命题十分复杂的状况，同时也显示了特殊的张力。一是他们的建筑界定往往十分模糊，但他们的作品又往往强烈地呈现出对物体的关注，从而可以与费恩等人的探讨合流；二是他们的地域性特征清晰，并不忌讳历史痕迹和地方痕迹的直接使用，因此都难以归入所谓的批判的地域主义；三是他们的作品都体现了一种对曾被单一定义的现代主义的缅怀，远离了地域化常用的象征方法，又都各自体现了特别的建筑意义。

那么，如何才能有效地讨论巴瓦、巴拉干、巴蒂等人的复杂性呢？如何探讨他们对于建筑意义方面的贡献呢？这需要一些简明的途径。自柯布西耶以来，衡量建筑师的设计是不是仅限于一时一地，能不能被后人或其余地方的建筑师所学、所用，主要的标尺之一就是看他抽象的能力。而抽象性，自沃林格提出之后，一直是探讨现代性特质的重要途径，但又十分复杂，体现了建筑学中的智性成分。所以，

fig...01 埃姆斯客栈外观（美国伊斯顿，1883 年）

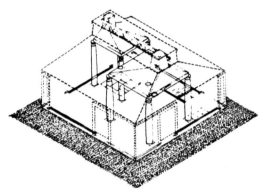

fig...02 周末住宅图解（美国奥林达，1962 年）

追溯抽象性同样是研究巴瓦的切入点之一。

巴瓦的抽象性来源复杂，应该首先来自1950年代在伦敦建筑联盟学院（AA）读书时，受到柯布西耶和密斯的双重影响。除此之外，他具体的抽象思考或许还源自以下几点：

一、受到老师彼得·史密森（Peter Smithson）等人的粗野主义的影响。由后期柯布开启并由史密森夫妇推动的粗野主义影响了现代主义第二代、第三代的一批重要人物，还很大程度上激励了全世界的地域建筑和现代主义建筑之间的合流。混凝土作为一种特殊的材料被运用，这种材料的质感是非常容易看上去具有地方感、场所感的，对于拉丁美洲、亚洲、北欧、南欧来说都如是，但它又是抽象的象征。其实，粗野主义的余绪开启了当代的一个重要话题：无材料特性的表现是抽象的，那么有材料特性的建筑如何抽象，巴瓦、巴拉干、巴蒂均擅长使用多种材料，又如何表达抽象性？在这一点上，一些学者又把他们与斯卡帕联系在一起进行比较。

二、关于连接的思考。有一类建筑师可与巴瓦关联起来，包括理查森（H. H. Richardson），美国第一位本土的伟大建筑师，求学于巴黎美院系统，但最后践行了粗石风格；查尔斯·摩尔（Charles Moore），后现代主义旗手。他们的部分作品带有一点宽泛意义的类型学味道，比如前者简化成基座加一个房子*fig...01*，后者简化成房子中的房子*fig...02*。按照这种方法，产生了地域和现代主义之间的一个重要连接点。建筑一分为二，或者一个包含着一个，这样就形成了一种建筑之间的组装，它们以连接的方式构成了现代对传统的改写，而两个部分中间的空隙还容易形成空间暖昧之所在，这些都是巴瓦作品的部分特点，也是讨论巴瓦抽象性的话题之一。还有一种与巴瓦相关联的建筑，它的木屋架与白色的圆柱组装在一起，上下、内外的空间感受似乎既分离又合一，既像房子又像亭子，呈现模棱两可的状态。*fig...03*以上这些路径均以剖面的空间分割为主，主要是概念上的抽象。有意思的是，巴瓦并没有受限于以上的路径发展设计。

三、平行于地方的思考。巴瓦本人曾在英国求

乌有园
第三辑
观想与兴造

106

ARCADIA
VOLUME III
2018

fig...03 马哈·坎皮纳瓦劳瓦（Maha Kappina Walauwa）民宿敞廊（斯里兰卡 Balapitiya，1948 年）

学，旅居意大利，对于英国的风景如画式和意大利台地景观十分熟悉。而斯里兰卡又曾历经多种殖民文化：葡萄牙、荷兰、英国，它的文化是高度叠加的，这对巴瓦来说又是一种重要的资源。他的建筑平面复杂，受到各方面的影响，更有民居的影响，但斯里兰卡本土的民居种类其实无法精确描述，它们受到殖民文化的影响，而殖民文化中的民居种类又需要因地制宜，从而产生了多样变种。从这一点来说，巴瓦经历了多种强有力的文化，拥有对多种文化的思考，他的过人之处，是不止于叠加这些文化，而是对这些文化有高度的自觉，将不同的文化和类型，刻意地形成了一种片段（fragment），并在意片段间的交接关系，在意把日常生活空间转换成公共空间。他把不同的文化处理成片段，并形成尺度意义上的转换，产生了各种严格意义上的生活类型，这也是一种特殊的抽象。

综上所述，AA 校园里有关柯布和密斯的争论，启蒙了巴瓦将抽象作为一种本质的要求；其次，他的老师史密森等人，使他对于粗野主义、地域等要素之间的关系有所思考；再次，他对于文化的丰富性和产出有着自觉，甚至对现代与后现代也有着清楚的认识。这些共同构成了巴瓦作品中抽象性的来源。那么，如何有效地讨论他的抽象性呢？在笔者看来，用剖面来衡量，是最简明的方法之一，因为剖面代表了抽象的基本尺度。这或许是可以一试的方法，尤其适合讨论巴瓦。

之一

剖面的特点

如何开始讨论巴瓦的剖面特点？或许可按以下两个部分展开：

其一，剖面的概念（conception）和感知（perception），讨论剖面如何可以使建筑的意义发生变化，比如柯布将萨伏伊别墅底层架空，就可以抽象地讨论是否现代空间的起点首先是需要离地，比如密斯用水平的屋面限定 vista，就可以利用这一剖面讨论现代空间的虚无特征；

其二，剖面与平面的结合程度。比如中国的大部分庭院，剖面和平面有时均质展开，所以讨论结合的紧密度不是重要的传统；而巴瓦所在的斯里兰卡，阳光比中国或者说中国大部分地带充沛得多，屋顶做得比较大，进深也大，剖面和平面的关系就相对紧密，利于讨论剖面。那么，建筑师在大进深中如何去处理剖面和平面的紧密程度？对于一个现代建筑师，如何有意地让两者之间的关系紧密来讨论设计，还是有意让它们分离来讨论设计？此外，剖面的讨论是为了一层、二层、还是三层？如果有一个坡顶，要处理三层问题的难度远远超过一层，它牵涉到空间是纵深方向展开的还是垂直方向展开的？空间之间的关系又是怎样的？然后产生空间意义。值得我们思考的是，在当代空间密度较高的情况下，如何才能更多地创造这种剖面和平面紧密结合的机会？

可以说，巴瓦非常善于密切联系概念和感知，联系平面和剖面，剖面又如何成为巴瓦作品中抽象性的一个标志？如何通过巴瓦的剖面讨论其抽象性呢？拟从三个方面入手分析：

一、剖面是不是可以作为一种抽象的尺度而存在，首先是用剖面的质量衡量其处理大小建筑的能力，即处理一层和多层的房子的空间转换是不是有独特的方法和手段。

二、通过剖面能不能处理结构的问题，或者凸显结构在建筑的剖面表达中的作用？一层的房子，结构可以比较容易表达空间；但多层的房子，结构又如何表达空间，传递意义？具体来说，由于气候

CONTEMPLATION
&
CONSTRUCTION

107

专题
Special Topics

研 剖 巴 杰
究 面 瓦 弗
里
·

fig...04 巴拉甘自宅工作室室内（墨西哥城，1948年）

fig...05 奥斯蒙德与艾娜·德·席尔瓦住宅檐下柱子（斯里兰卡
科伦坡，1960—1962）

原因，巴瓦在斯里兰卡做的建筑，大量采用框架结构，然而它们是否可以让人更好地感知空间，也是衡量其抽象性表达的标准之一。

三、如何通过剖面这一载体平衡物体感和环境的关系？在某种程度上，巴瓦、巴拉干、巴蒂都可以称之为物体建筑师（如上文所述，斯卡帕、费恩、卒姆托、赫尔佐格等人也可称为物体建筑师）。他们的房子都是集物的代表，构件多样，材料多样，组合多样，由此带来一系列空间类型上的多样。尤其有意思的是，他们的室内往往布满了物体的陈设，但又不像是装饰，感觉陈设物能在房子里凸显出来，通过物体引出了空间的幻觉。进入他们的房子的时候，视觉上异样丰富，不知道怎么能够有这么多的细部。显然，他们都掌握了一种对待物体和空间关系的态度和能力，而这种能力就是一种抽象能力。但是物体感过强，又如何不影响房子和环境的关系，甚至促进房子和环境的关系呢？例如卒姆托和其他一些当代瑞士建筑师如玛克利（Peter Markli）等人，他们的主要工作目标之一就是如何凸显物体感，又巧妙地运用光线，转化到与环境的结合中去。而巴瓦等人的办法是为了平衡环境与物体感，努力在剖面中寻找一个特别的中介物体作为平衡点。

巴拉干平衡物体和环境的中介物体是特殊处理的窗子fig...04，安藤忠雄的光教堂，就曾向他的窗子学习，只是成了光表演的舞台，略为可惜。通常为了使窗子显得特别，都需要突出洞口，使它具有特别的物体感，而巴拉干的窗子用细细的窗棂就一下子使内外似断非断地呈现出来，既是日常之物，又具有特定的神圣感，轻松地平衡了物体感和环境。与之相比，巴蒂态度暧昧，斯卡帕有时并不在意这一平衡，环境就比较容易消失。

巴瓦恋物，他平衡物体感和环境之间的中介物体，就是设置各种各样的柱子，这是他设计的核心之一。fig...05柱子是观察他的剖面的重点，也是观察抽象的重点。柱子之于剖面，常常是关于房子立起来效果的一种衡量，能用来讨论重力、覆盖等各种

fig...06 巴瓦工作室中庭（斯里兰卡科伦坡，1961—1963）

之二

剖面的类型

巴瓦建筑的剖面类型多样，当然并不只是作为抽象的标尺而存在，或可以分为三类来讨论。一是作为概念的剖面，二是作为感知的剖面，这两者在巴瓦的作品中又往往难以区分；三是体现在平剖面组合越来越紧密的基础上的剖面。这几类剖面都离不开结构的作用，通过不同的抽象方式带来了特殊的建筑意义。

一、作为概念的剖面

巴瓦早期的建筑和公共建筑常常采用现代建筑概念化的剖面，经过经营，往往产生了出人意料的感知效果。例如 A.S.H. 德·席尔瓦住宅 *fig...07*，采用了密斯式的平面，加上一个长长的剖面，利用坡地，通过转折，形成了不同于流动空间的特别感知。他晚期的贾亚瓦德纳住宅（Pradeep Jawardene House）同样如此 *fig...08*，与 A.S.H. 德·席尔瓦住宅形成了回响。

巴瓦的蒙特梭利学校（St. Brideget Montessori School）也采用了类似概念化的剖面方式 *fig...09*，但通过结构架空和坡顶叠置的组合方式，产生了从架空层到内部不断层叠的空间效果，与类似丹下健三学习柯布西耶的架空产生的空间效果很不一样。对于丹下，架空意味现代与日本传统的结合，刻意表现着"无"（nothingness）；而巴瓦的架空参与了空间的层叠和构件的连接。建筑的梁架处理也别有特点，它们立在柱子上，不知不觉凸显了屋架，提高了二楼的感知层次。此外，巴瓦在1960年代还有一批建筑，如主教学院（Bishop's college）等 *fig...10*，采用了现代建筑中典型的从剖面出发的形体组合形式，影响了后来新加坡、马来西亚、泰国等地的很多成名建筑师。当然，这种概念化的剖面相对图式化。

二、作为感知的剖面

艾娜·德·席尔瓦（Ena de Silva）住宅是巴瓦早期最出色的建筑之一。*fig...11* 在建筑的主厅之中，能让人感觉到身处在更大的房子中间。这种扩张的空间想象好像是由平面促成的，其实主要来自剖面的操作。

抽象的问题，而在巴瓦房子里另有特别的地方。他对柱子自身的物体性，柱子组合的方式，柱子与其余结构的连接，尤其与框架结构的关系都十分关注，他房子中的柱子还牵涉小建筑和大建筑的转换关系，因为柱子对于小建筑比较容易，大建筑就不容易用。以笔者观察，但凡巴瓦柱子运用谨慎的房子，都自有一种内在的张力和内外之间的张力。*fig...06*

以上分析可以大致梳理出巴瓦剖面的一些特点：一、巴瓦的建筑常常致力于小建筑与大建筑之间的空间转换，看起来既像一层又像多层；二、巴瓦的建筑中覆盖十分重要，同时也显然在乎覆盖下框架结构能否产生意义；三、巴瓦的建筑经常利用柱子作为中介物表达物体感和环境的平衡关系。

CONTEMPLATION
&
CONSTRUCTION

109

研 剖 巴 杰 专
究 面 瓦 弗 题
里 Special Topics
·

fig...07 A.S.H. 德·席尔瓦住宅入口外观

fig...08 贾亚瓦德纳住宅（斯里兰卡米里萨，1997—1998）

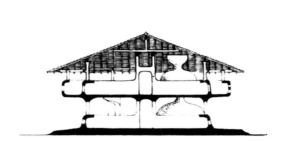

fig...09-1 蒙特梭利学校剖面图（斯里兰卡科伦坡，1963—1964）

fig...09-2 蒙特梭利学校室内

fig...10 主教学院外观（科伦坡，1960—1963）

乌有园
第三辑
观想与兴造

110

ARCADIA
VOLUME III
2018

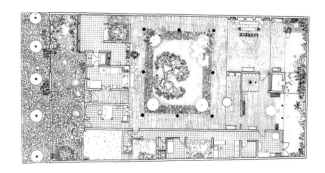

fig...11-1 艾娜·德·席尔瓦住宅平面图（科伦坡，1960—1962）

fig...11-2 艾娜·德·席尔瓦住宅剖面

fig...11-3 艾娜·德·席尔瓦住宅室内

在垂直方向，巴瓦仔细地处理了主厅一楼的梁架，使它们的尺度显得十分特别，同时暗示了上面的房子和主厅以外更广的空间；纵深方向，剖面化的坡沿着主梁向下搭，压出了庭院里的树。在一个典型的合院式的建筑中，平面和垂直方向有机紧凑地组织起来，这都离不开剖面中纵深方向、垂直方向展开的梁架和合适的尺度。此外，这个住宅对于混凝土梁架和传统结构如何并置的问题以及多样材料连接的问题，都处理得十分出色。

巴瓦的33街自宅是平行于他设计生涯的一处重要建筑，不断地改造扩建，以至房院不断。一直伴随着时间展开的似乎是房子中隐藏着的一条纵贯的屋脊线。这条屋脊线使得房子中的空间与席尔瓦住宅相反，隐隐产生了内缩。它是剖面展开的引子和基础，比如在内外交汇的十字平面中心，在屋脊线区域先有一段水平的吊顶，然后空间被坡面压向庭院，从而使庭院与屋顶下的空间区域划分模糊起来，连续起来。所有这些同样牵涉对结构的考虑。此外，入口向内的边廊，与屋脊线平行，在剖面上一直不动声色，在接近最后一间的时候突然与屋脊中线的空间区域连接起来，此时，边廊尽头的柱列出色地平衡了物体感和环境之间的关系。*fig...12*

CONTEMPLATION
&
CONSTRUCTION

111

专题
Special Topics

杰弗里·巴瓦
剖面研究

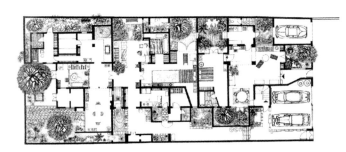

fig...12-1 科伦坡33街自宅平面图（1960—1998）

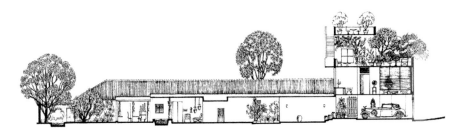

fig...12-2 科伦坡33街自宅剖面

三、作为组合中的剖面

巴瓦常常能熟练地促使一个建筑的平剖面结合紧密，从而成功地处理小建筑与大建筑的转换关系。其中的杰出例子是塞伦底波酒店（Serendib Hotel）*fig...13*，它大厅中厅的两列柱子比较高耸，有的直接伸到屋顶，柱列之间又围出了一个特别的空间，让人感觉到在一个坡顶、框架为主的房子里，出现了一个特别的走廊空间。这样框架结构中的柱列好像承担了一项重要的工作，似乎能从框架里脱离出来，组成一个特殊的像火炉一样的空间。虽然这是一个大的建筑，进深大，长度也长，但是正中间的柱列组织，让本来两层的房子变成了类似有跃层的一层大房子，框架结构在这里进行了非常好的空间分割。结构在二层给人的感觉和在一层也不一样，这一点也难能可贵。

科伦坡的农业研究与培训中心（Agrarian Research and Training Institute）采用了组合剖面处理的办法。*fig...14* 他运用了很大的坡来衔接平面，平面进深大，他就用斜向剖面来处理大屋顶跟各层的关系。平面和剖面的紧密结合，意味着不能把建筑简单地按多层房子处理，要求屋顶对下部的每一层都能产生作用，尤其对于一层。一个斜向的剖面让这种空间一

fig...12-3 33街自宅屋脊

fig...12-4 33街自宅边廊尽头列柱

fig...13-1 塞伦底波酒店剖面（斯里兰卡本托塔，1967—1970）

fig...13-2 塞伦底波酒店入口室内

fig...14 农业研究与培训中心室内走廊（科伦坡，1965—1971）

下成形，这也属于典型的大建筑小建筑转化的办法，使大坡顶的力量得到了充分的展示。当然，这个建筑由于坡顶的梁和建筑的框架结构之间并没有建立关系，所以空间的本质并没有随着一、二层的巧妙连接而发生变化，更没有因为框架结构的特殊处理而产生转化。

以上的剖面，大部分是单体建筑、院落建筑，其实剖面在建筑群中的使用也极其重要。巴瓦的农场学校（Yahapath Endera Farm School）是一个很好的例子。*fig...15* 农场学校充分地证明他的小建筑大建筑之间的衔接能力，它的主建筑甚至像是雅典卫城中的神殿。

CONTEMPLATION
&
CONSTRUCTION

113

专题
Special Topics

杰弗里·
巴瓦
剖面
研究
究 面 瓦

之三

剖面的意义

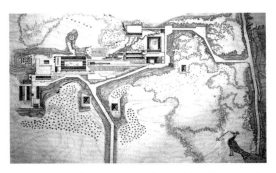

fig...15-1 亚哈帕斯·安德拉农场学校总平面（斯里兰卡汉维勒，1965—1971）

fig...15-2 亚哈帕斯·安德拉农场学校女子中心室内

巴瓦的建筑通过剖面产生意义的途径，具体来说，一是框架结构在覆盖中如何产生意义；二是使身体如何产生意义；三是如何通过剖面控制集物并产生意义。

一、通过顶部覆盖，空间跟周围的关系非常自然，但在覆盖意义强烈的空间中，框架结构的作用也容易被淡化。在现代建筑中，框架结构大量使用，如果仅依赖于一个覆盖的意象，框架结构本身跟墙体一起对空间产生作用的潜力就无法充分发挥，也无法充分处理一层、二层的空间问题。所以如何维持覆盖，又能释放框架结构的空间潜力，是一个重要的命题。

如果从抽象的尺度来说，首先需要处理元素和整体之间的关系。比如柱子是属于元素，还是属于整体呢？现代主义建筑的产生，就是因为强化了对建筑元素的认识，比如分离的柱子、梁、墙板如何拼合在一起，但是框架结构又形成对建筑元素论的冲击，它将建筑元素全部整体化。所以，如何理解框架结构，如何认识元素和整体之间的关联，是衡量建筑师抽象能力的标准之一。在这一点上，巴瓦开辟了新的途径。

巴瓦经营了几十年的卢努甘卡庄园中西南角的客舍建筑对此进行了充分表达 *fig...16*，尤其是客人套房之外的会客厅。它回应了有关框架结构在类似东方的、以覆盖为主的空间中的意义问题。当在这个敞厅中间朝北看时，感受到的房子是以砌体为主的结构，朝东看时又好像是以框架为主的结构，但柱子和梁均显得非常纤细。组成框架的梁柱涂有不同的色彩，刻意地区分出不同的元素，试图消减框架。座椅、台几贴地布置，使站与坐的视线拉开，又使框架结构跃然而出，起到了强烈的空间分割作用，清晰表达了物体感和环境的微妙平衡关系。

二、巴瓦剖面中另外值得讨论的是拟人化现象。巴瓦本人身材很高，他的空间似乎因此存在许多与高大的人有关的尺度概念。比如在庄园里，在我看来，有一个房子等级很高，就是十字平面的花园房

fig...16 卢努甘卡庄园肉桂树山丘客舍会客厅梁柱（斯里兰卡本托塔，1948—1998）

fig...17 卢努甘卡庄园花园房室内

（garden room）*fig...17*，就像拙政园里的远香堂。它主空间的窗户很高，似乎是为一个很高的人定做的，但正常的尺度都有。在通常的理解中，高大的人不容易灵活。如果在一个房子里先按矮小的人尺度来定义，再比对一个大的尺度，相对容易实现空间的转换；但用很高的尺度来定义一个日常的东西就十分困难，同样假设一个为很高的人设计的房子能实现某种日常性，就需要一种真正抽象的能力。这个花园房局部设夹层，用木梁架重重勾勒，看起来像一层又像两层，小建筑大建筑之间产生了模糊，若以纯粹的抽象而言，显然可以跟篠原一男的白之家放在一起比较。另外这个房子里面充满了物体，莫名其妙的暧昧，非常完美，完全不清楚为什么会有这么多复杂的东西交接在一起，但这好像又不是一个简单的堆砌起来的东西，非常有力量，它就是以日常使用充分展现了空间的意义。

三、巴瓦是如何集物，又如何控制物体，把它们一个个连接在一起，使物体又产生空间？这个问题来自现代主义早期，如何在白色的空间里面展出一个白色物品，或者白色的空间怎样因为连接着其余白色的空间而显现出来？柯布、路斯都要处理这个问题。白能帮助出现空间，意味着物体也能产生空间，又如何加上原有坡顶、墙体所能产生的空间，使它们共同作用？

巴瓦以造园家的身份似乎半是偶然、半是必然地处理了这些问题。他小心翼翼地从处理地平开始，有时把水泥直接慢慢往上做，好像是地面在向上延展，而东方人又特别在意地面，所以，可以说这是巴瓦独特的追求空间意义的方法之一。而巴瓦的这些做法，包括爱做一些家具尤其是一些固定的家具，在笔者看来都是试图给空间上的剖面提供尺度依据，从而为产生空间意义建立一些基础。与此同时，他又会层层跌落地使用屋顶天花，水平、斜面交织在一起，如同他在33街自宅内成功营造了迷宫一样的空间。所有这些剖面的方法与物体集合在一起，产生了特有的空间氛围。

CONTEMPLATION
&
CONSTRUCTION

115

专题 Special Topics
杰弗里·巴瓦
剖面研究

反思

剖面的发展离不开平面的推动。比如一般认为巴拉干是运用抽象最好的大师之一，无论形体、氛围乃至阴影的勾勒，其实他的平面，包括从欧洲系统地传递到墨西哥的雁形平面、扣形平面等，也是促成剖面、实现抽象的重要途径。而东方如中国、日本、斯里兰卡等，传统中的平面大多数为单元的组合，不以单个平面的力量取胜。为此，平面如何促成剖面需要寻找一些新的方式进行突破。

巴瓦和篠原一男各自做出了贡献。篠原一男的办法是试图重新发明一些平面，转而借用几何给平面以力量，比如白之家中10m × 10m的操作，产生了令人难忘的抽象，当然这种方法也十分概念，往往容易失去平衡。巴瓦对于利用平面帮助剖面突破也迈出了一步，当然这一步是否大还值得商榷。他运用坡法使平面更有力量，比如卢努甘卡庄园花园房的十字平面已是典范，也促使平面和剖面的关系更为紧密。

衡量一个建筑师的设计，我们要看到他在全尺度之内的能力，就是处理大建筑小建筑的能力，处理物体和环境之间关系的能力，对于建筑基本元素的理解能力。毫无疑问，巴瓦对此都有着自我的特点。他是东方建筑师中利用剖面进行抽象的重要人物，他的抽象能力经常让人预料不到，推动着建筑意义不断深化，这使他突破了地域建筑师的范畴。

参考文献

[1] 马克·安吉利尔，乔治·希默尔赖希，编. 建筑对话. 张贺，译. 桂林：广西师范大学出版社，2015：67.

[2] TAYLOR B B. Geoffrey Bawa. Revised edition. London: Thames & Hudson Ltd, 1995: 12-13.

[3] ROBSON D. Geoffrey Bawa: the Complete Works. London: Thames & Hudson Ltd, 2002.

[4] ROBSON D. In Search of Bawa: Master Architect of Sri Lanka. Singapore: Talisman Publishing Pte Ltd, 2016.

[5] BAWA G, BON C, SANSONI D. Lunuganga. Singapore: Marshall Cavendish Editions, 2006.

图片来源

图01~ 图03, 图09-1, 图13-1, 图14~ 图15：来自参考文献 [2]；

图04：Wim H J Bergh, Luis Barragán. Luis Barragán: The Eye Embodied[M]. Pale Pink Publishers, 2006: 139.

图05, 图07~ 图08, 图10~ 图11, 图12-1, 图12-2, 图16：来自参考文献 [3]；

图06, 图12-4, 图13-2, 图17：王君美拍摄；

图09-2, 图12-3：来自参考文献 [4]。

杰弗里·巴瓦作品中的地形与近地空间设计 [1]

王君美

斯里兰卡建筑师杰弗里·巴瓦常被评价为地域现代主义大师，理论学者甚至将他置于南亚区域去殖民地化以来建筑学发展的最前沿地位，比作"亚洲上师"（Asian guru）[1]261，高度肯定了他在地域建筑领域的探索和实践。巴瓦建筑与"大地"的关系，涵盖着建筑与地方性、建筑与文化的双重意义，成为近年来讨论其作品的重要命题。

但是，"好的锡兰建筑——因为就是其本身，而并不因为被狭隘地划分成为印度的、葡萄牙的或荷兰的、早期僧伽罗的、康提的或者是英属殖民时期的建筑。"在"建筑师自述"[2]中，巴瓦明确表明他评判建筑好坏的首要标准并不是"地方性"，而是建筑的品质本身。

巴瓦对建筑品质关注的核心问题之一，是如何有力地将自然纳入建筑，贯穿到室内外环境中，其作品一个重要特征在于室内－室外、房屋－场地界线的模糊。这种模糊一定程度上在于不仅仅将地形看作建筑建造的物质基础，更视其为整个室内外环境营造的基础，将建筑结合地形，形成连续的环境整体。

本文试图揭示巴瓦这种结合地域并超越地域的对地形的理解，讨论其通过不同方法建立的几种建筑与地形的结构关系，并观察如何利用尺度作为工具，细致地辅助结构关系的建立。

[1] 本文受筑博奖学金资助，并得到金秋野、葛明教授的悉心指导。

之一

并
超
越
地
域
的
地
形
理
解
结
合

巴瓦自身的南亚生活背景和游学中积累的丰富文化经验，凝结成独特的自然观，使得他对地形的理解结合并超越了地域文化中对地形原初的、朴素的理解。

僧伽罗建筑传统中对地形的理解体现出两个基本特点：（1）将地形，尤其地形中的岩石，视为建筑中的一个重要元素：从早期佛教寺院如拉斯寺（Ras Vihare，5世纪）[3] 等选址于山洞中或悬挑的崖壁下，到迦叶波逃避复仇时选择在高出平原约200米的斯基里亚巨岩顶上建造宫殿（5世纪），再到禁欲主义僧侣部派将露出地面的岩石作为景观纳入整个阿努拉达普拉寺院（6—9世纪）布局当中 [1]33-40；（2）建筑建造充分重视、顺应浅表地形：印度外族统治时期之后（12世纪），波隆纳鲁瓦的寺庙为了遵循地形，调整了原本露台与建筑群明显的对称性。这与巴瓦眼中"斯里兰卡非凡的建筑传统"所讲求的"建筑必须'顺'着基地，建筑不能将自然赶走"[1]145并行不悖。

基于这种对地形的理解，僧伽罗的建造者们有意把基地选在岩石奇多的景观中，并发展出一种拓扑学方式来强化地景，利用特殊姿态的岩石、蜿蜒的台阶、洞穴等。这种理解引发了对地形局部物体化、元素化的运用，及对浅表地形的基本尊重，从根本上影响了本土建筑师建筑结合地形的思考与实践。[2]

此后，英国殖民时期（19世纪）殖民者在斯里兰卡建立种植园体系，清理山林，梳理灌溉体系，不仅改变了岛国全境的景观形态，也突破性地推动了斯里兰卡建筑师将地形环境作为系统来理解。

此外，巴瓦求学于英国，旅居欧洲。发轫于英国的风景如画的花园风格和随之而来的绘画地处理

自然与建筑的方式，意大利文艺复兴花园对几何性的强调，现代主义建筑运动对建筑空间、抽象化的讨论等思潮无疑也产生影响：房子和土地共同组成自然人文环境整体，利用对土地的深度感觉对整体进行控制。

巴瓦返回斯里兰卡后，在特定气候环境和地理条件[3]下吸收并转化了这些外部的影响，形成了综合的对地形的理解。他既保留了僧伽罗传统中对物化的地形景观的热爱，也发展了新的视角，将地形视作可塑的空间立体的整体来看待。再者，以现代建筑师的职业身份，巴瓦在设计中最为迷恋的或许仍是创造空间体验。[4] 因此，人的知觉维度在建筑结合地形时的作用也被强调。感知和体验成为下文分析得以展开的两个重要关注点。

[2] 斯里兰卡当代建筑师，如 lewcock R. B., Sansoni B., C. Anjalendran 等人，先后组织工作室团队对僧伽罗古典建筑进行测绘并出版文集 The Architecture of an Island: The Living Legacy of Sri Lanka (1998) 和 The Architectural Heritage of Sri Lanka (2015)。Anjalendran 还在个人建筑作品集最后的《最喜爱的地方》一章中重点记述了让自己深受影响的石窟寺及岩石佛教建筑。

[3] 斯里兰卡西南部沿海湿润的丘陵和平原是岛上人口最稠密的地区，巴瓦的建筑作品主要分布在这里，需要处理基地中起伏不一的原始自然地形。

之二

建立 关系的 建筑与地形结构

基于对地形整体的理解，巴瓦将地形视作建筑设计中客观实在并且可塑的一部分。用建筑塑造地形，而重塑的地形反过来给建筑空间以机会和冲击，最终建立建筑与地形的结构关系，获得对场地整体的把握，营造出建筑"在地"的空间感受。本文试图将巴瓦作品中建筑与地形的结构关系大致分为三类，展开分析。

一、强化地形特征——建筑嵌入地形

当地形表现为地表轻微的波动，恐怕就会因司空见惯而被忽略，以至于隐退为建筑、景观的一个模糊的背景。但地形具有典型的形态特征，由点、线、面等基本构成要素组成。对要素进行改变，可直接改造地形形态；将建筑介入地形之中，并对其要素进行利用或强化，可以深化地形在人的知觉空间中

的量度，间接改造地形形态。进而，被强化的地形反过来影响了建筑初始的状态，持续地促使建筑空间嵌进自然环境中。下面试将基地所在不同地形形态与位置进行分类，并分别加以说明。

① 更深邃的凹谷

卢努甘卡庄园（1948—1998）中，庄园用地由两座低矮的山丘组成，丘体从德杜瓦（Dedduwa）潟湖东岸一处探入湖中的岬角缓缓升起。*fig...01*

在南北向长剖面 *fig...02* 上，可以同时感受到这两座丘体，和二者之间形成的平缓凹谷。巴瓦首先抹低了南侧肉桂山丘，清理了遮挡视线的植被，疏通了南北向的视线：欣赏北侧潋滟湖光，远眺南方山巅矗立的卡塔库利亚（Katukulia）寺庙中建于14世纪的佛塔。

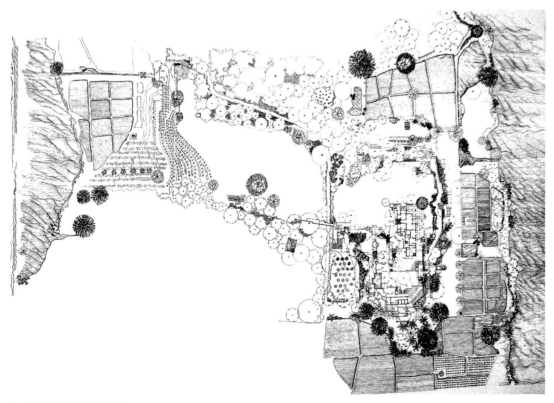

fig...01 卢努甘卡庄园平面图

fig...02 卢努甘卡庄园场地南北向长剖面

fig...03 卢努甘卡南丘看北丘与门廊

继续兴造时，巴瓦先将车行道路低挖下沉，两侧簇拥灌木丛，隐于凹谷之中。在山丘上看，地表平面的波动连续不尽，沟谷隐而不显 *fig...03*；而行于其中，又得峡谷的深意。再者，东侧小屋的附属门廊，跨过下沉车道，轻轻架在低谷之上、两丘之间，像一座桥屋 *fig...04*。一层单坡屋顶面向谷地，檐口压得极低，使得屋脊线几乎水平地指向丘顶。它嵌在波动的地形中，地面是一座桥，连接两丘低注点；屋顶似是第二座桥，连接南丘顶点的古树、明代酒缸与北丘顶点的主屋。地形起伏的厚度被揭示。以凹谷为庄园的中心，两丘从这里缓缓升起直至开阔的顶面，一缸一屋两个焦点控制住空间，余意向远侧延展，平缓的波动中有了洋洋大观之意。

此处，巴瓦通过建筑的介入强调了空间环境中山丘顶点与谷底线的地形要素特征，使得人对丘顶与凹谷的感知互成"对仗"，原本高差微妙的自然感知被放大，建筑也进一步镶嵌入地形中。

ARCADIA
VOLUME III
2018

fig...04 卢努甘卡小屋门廊西立面

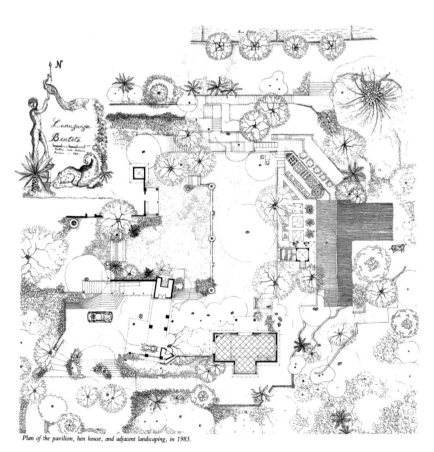

Plan of the pavilion, hen house, and adjacent landscaping, in 1983.

fig...05 卢努甘卡庄园东侧露台首层平面

CONTEMPLATION
&
CONSTRUCTION

121

专题 Special Topics

杰弗里·巴瓦
巴瓦作品中的
地形与
近地空间
设计

fig...06 卢努甘卡庄园东侧露台东西向短剖面

② 更起伏的丘陵

　　卢努甘卡庄园中，紧邻北丘丘顶的主屋东侧，形成东部露台建筑群。*fig...05* 巴瓦将原本平滑起伏的丘陵地形沿等高线整理为带状分布的阶梯式台地，形成三个主要标高的露台。*fig...06*

　　西南角的玻璃房客舍为单跨体量，近地层架空。*fig...07* 它垂直于等高线布置，空间呈动态的不对称状，加上其两侧缓缓下行的景园台级，促使人在室外空间中流转。人在场地上穿越、上下、兜转、小憩的行为都变得更加自然，还原了人在自然坡地上漫步的行为。相对而言，在这种动态的流转中，玻璃房也得以取消内部垂直楼梯，将层高高差三次分解：景园台级-立面前踏步-进门后梯段，人在不经意间的游走中从一层来到二层，对标高产生迷惑，获得近似寓居自然的体验，建筑更加嵌入地形。

　　东侧的高低画廊以另一种形态垂直于等高线布置：顶与地、内与外，都顺应着陡然下降的地形，通过台阶或者斜面向下倾斜，引人一路逐级而下。

　　南侧的花园房则端正地面向露台中央开敞，背侧借势隐藏下层车库空间，与画廊共同围合低标高的黄色小院。

fig...07 卢努甘卡庄园东侧露台回望玻璃房

　　在这组方整的人工地形中，建筑师将建筑群与三个标高台地形成迥异但鲜明的位置关系，召回人在丘陵地形中的感知，让地形显得更起伏、流转。建筑室内外空间也因此获得特征，进一步融入连续的地形整体中。

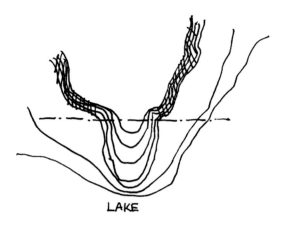

fig...08 坎达拉玛酒店山体水平剖切面示意

fig...09 坎达拉玛酒店入口层平面

③ 更跌宕的崖壁

坎达拉玛酒店（1991—1994）临山崖绝壁而立，基本策略是将客房体量靠近跌宕的崖壁放置，茂密的热带植物攀缘其上，正立面消隐在环境之中。

然而，巴瓦在相地时并没有选择一片连贯的崖壁，山体的水平剖切面呈一条中央局部突出的曲线 fig...08，将酒店分为两翼。连接两翼客房的入口及公共空间部分，沿图示轴线切割山体，穿山而过 fig...09，裸露的褐色岩体直接暴露在入口空间中。巴瓦设置了一段白色的弧墙与之相对，加强穿行体验。fig...10 沿着弯曲的岩体，穿过接待大厅，人又忽然来到室外坡地，错落的景观和两个游泳池顺应坡地地形布置，踱步缓行，人恍惚中来到更高的酒店标高平面。

在两片崖壁之间置入的这组公共空间，以对局部坡地的揭示，使崖壁显得更跌宕起伏。反之，亦成就了建筑空间高低、狭阔、明暗的变化，建筑与地形相辅相成。

fig...10 坎达拉玛酒店，穿山而过的入口公共空间

CONTEMPLATION
&
CONSTRUCTION

123

专题
Special Topics

杰弗里·
巴瓦
作品中的
地形与
近地空间
设计

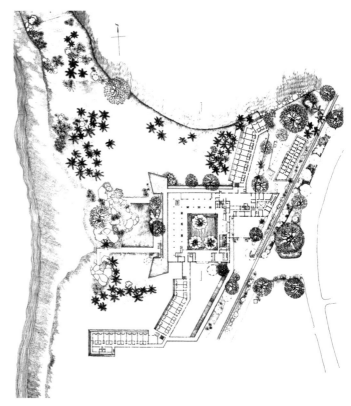

fig...11 本托塔海滨酒店大厅层平面

二、地形的错觉——建筑改写地形

嵌入以外，建筑有时作为强有力的异质与地形进行对抗，比如消化地形的大型平坦基座、有意突出的矗立体量，剧烈地改造着原始地形，阻断了自然进入建筑，人在建筑中失去了身在自然地的感受。巴瓦通过平面、剖面上对空间体验的设计，让人在某一时刻产生对地形的错觉，又重新感知到地形的存在。从改造地形转化为改写地形，给建筑空间的场所感带来契机。

本托塔海滨酒店（1967—1969）位于一片海滨地，巴瓦运用一个巨大的平面方形、高一层的基座应对场地中并不显著的高差。*fig...11-12* 据大卫·罗布森记述，基座是对场地原有的护堤进行整理所形成的，模仿荷兰殖民时期的堡垒形式。[1]238 首先，大块面毛石包覆的基座，似乎仍属于土地，从场地中升起，削弱异质感。其次，巴瓦精心设计了入口空间序列。

下客区位于方形基座的东南角，一个平面上内凹的矩形灰空间，壁面、天花都用深色粗糙的毛石

fig...12 本托塔海滨酒店剖面

ARCADIA
VOLUME III
2018

包覆，制造山洞的氛围。透过唯一一个微微起拱的门洞，一部梯级引人向上。随着身体的抬升，二层中央水庭反射的光线将视野逐渐点亮。待进入二层半明半昧的接待大厅，休息厅一侧单坡顶迎着人的视线压向庭院，明亮的中央水池中三组鸡蛋花树亭亭如盖，空间豁然开朗。不禁使人产生了不知身在几层的空间迷惑：繁茂的大树、铺开的水池，仿佛僧伽罗式庄园住宅的庭院，平稳地落在大地之上。*fig...13* 这种错觉让人对中庭之下、基座之内的隆起的土壤产生知觉和想象。

从这一点来说，这个基座与现代主义建筑某些典型的基座，如阿尔瓦·阿尔托的珊纳特赛罗市政中心中的基座产生了区别：它物质上与地形对立，知觉上又被消解，在忽隐忽现的真实中，被建筑改

写的地形又帮助实现了空间的诗意。建筑师在灯塔酒店（1995—1997）中也有类似的处理，空间却不似这般简明、紧凑而失去部分力量。

三、顶与地的对照——建筑比对地形

除了建筑嵌入地形、建筑改写地形，建筑有时更与地形形成比对。顶与地的对照，利用人头部敏感的知觉，以尺度不寻常的覆盖提示人脚下的土地。建筑也随着人对于顶和地的感知达到平衡而获得在地的空间特征。

早期 A.S.H. 德·席尔瓦住宅（1959—1960）位于一处陡峭的坡地，有着类似密斯自由的平面，主要功能空间呈错落风车状排列。诊室与病人室外等候的凉亭位于山脚，垂直于等高线的爬山廊将其与

fig...13 本托塔海滨酒店中央水庭

fig...14 A.S.H. 德·席尔瓦住宅爬山廊剖面

坡地上方的居住空间相连。*fig...14* 山麓处，凉亭紧贴着山体设计，向场地开敞，其中的踏步先平行于山麓线攀爬一小段，转入爬山廊时，垂直于等高线向上，人倏尔体会到长约50m 的单坡顶覆盖。在向上攀爬的过程中，使用者可以感受到顶面与坡地、山麓之间的两次比对，从而感知到建筑与地形的全局。

fig...15 赤壁之家剖面

赤壁之家（1997—1998）是位于海边悬崖顶上的小房子。*fig...15* 起居体量匍匐在悬崖顶面之下，它的屋顶成为上层平台的地面，水平延伸的大屋顶在这里显得触手可及。从上层休憩平台看*fig...16*，下部起居空间从剖面上强化了地形的起坡，和上部大屋顶带来的幽暗大进深空间相对，和人在悬崖顶点面对苍茫海天的空旷开敞感知形成鲜明对比。

fig...16 赤壁之家上层平台空间

乌　有　园
第　三　辑
观　想　与　兴　造

126

ARCADIA
VOLUME III
2018

之三

工 作 尺
具 为 度

坡地地形中连贯的、通长的顶与地的对照，看似与东方传统建筑的覆盖问题相近，却更为现代，让人产生新鲜的对场地和建筑的知觉。

整体来看，为了让地形不退为卑微的背景，而成为人的知觉空间的一部分，令人更多地感知到栖居自然，巴瓦会根据不同初始条件选择不同的策略建构建筑与地形的结构关系：（1）地形特征的强化——建筑嵌入地形：通过将建筑介入地形，强化地形原有特征，使谷地更深邃、丘陵更起伏、崖壁更跌宕，从而反过来加深建筑在地形中的嵌入；（2）地形的幻觉——建筑改写地形：建筑出于人为需求改造地形，本已经形成对峙，却利用对人的知觉的设计，实现地形的错觉，使其返还自然，从而将建筑对地形剧烈的改造化解为诗意的改写；（3）顶与地的对照——建筑比对地形：通过利用连续的建筑屋顶面对照连续的地形平面，人工的覆盖为平常的地形赋予意义。

在建筑与地形嵌入、改写、比对的结构关系的建立过程中，建筑与地形持续且反复地互动、影响，最终使得关系成立、稳定。

无论以何种具体方式，巴瓦建立的建筑与地形的结构关系，使得人对地形的感知远远大于原始地形中轻微的或者单一的起伏，使得建筑在微妙的高差中，获得更宽广的空间知觉、体验甚至遐思，自然与建筑紧密地融合在一起。

以上分析同时也说明，巴瓦在处理地形问题时并没有定式，或者说个人的"典型"方法。重要的还是巴瓦对人栖居在自然之中的体验的关注，对人置于建筑、自然产生的知觉空间的敏感。这使巴瓦将尺度作为具体操作层面的基本工具，熨帖地落实结构关系，细致地设计知觉体验。

当代建筑学中出现的对于地形、建筑、物体三个设计体系两两之间交错的讨论也可以作为参证。有时地形的建筑味道较强，如峭壁如墙；有时物体比如家具本身可以当作外部地形的延伸。[5]这三个体系的空间和形状都有尺度的量度属性，使得尺度可以成为重要的感知标尺和工具。

巴瓦的作品中可以观察到很多这样的细部、细节，用于支撑建筑与地形结构关系的建立。

在卢努甘卡庄园入口处*fig...17*，粗糙的水泥质感的景园台级与泥土地面融为一体，从主屋露台标高呈折线形缓缓而下，倾泻进单坡凉亭的阴影里，在适合人坐靠的高度转变为台子，漆上白漆，置上软垫，种上花草。

坎达拉玛酒店入口灰空间中，被切凿的岩体从里往外渐次延展，时而切削一块平整的台面，供即兴表演的音乐家倚靠；时而包裹住柱子形成柱础，时而化作通长的平缓的台阶向下，最终收缩成最外部一颗略微突出地面的石块。入口空间的四根白色柱子挺立在这变化的地形中，提示着建筑空间的存在。

此两处，尺度作为工具，辅助了自然地形与建筑形体间的动态转化。以此拓展了人对地形体验的方式，从而拓宽了对自然领域的知觉，促使人在地形中游动，山岭显得更加起伏不定，洞穴显得更加深邃可居，建筑室内外空间顺势融入地形当中。

fig...17 卢努甘卡庄园入口景园台级

CONTEMPLATION
&
CONSTRUCTION

127

专题
Special Topics

杰弗里·
巴瓦
作品中的
地形与
近地空间
设计

小结

巴瓦通过建筑作品向我们展示了他对自然环境尤其是地形系统的深度的理解，而不局限于建筑方法自身的推演。对人的身体、行为、知觉的关注和敏感，是他处理建筑结合地形的一种"心法"。显然，它不只是属于斯里兰卡、属于南亚的，而更应广泛地属于国际、属于现代。以上种种，皆可成为当代建筑师思考相近问题的参照。

参考文献

[1] ROBSON D. Geoffrey Bawa: the Complete Works. London: Thames & Hudson, 2002.

[2] TAYLOR B B. Geoffrey Bawa. Revised edition. London: Thames & Hudson, 1995: 16.

[3] ANJALENDRAN C, ROBSON D. The Architectural Heritage of Sri Lanka. London: Laurence King Publishing, 2015: 42.

[4] 钱纳·达斯瓦特. 岁月悠远，遗韵长存 // 建筑与都市中文版编辑部. 建筑与都市：杰弗里·巴瓦：斯里兰卡之光. 武汉：华中科技大学出版社，2011.

[5] CACHE B, SPEAKS M. Earth Moves: the Furnishing of Territories. MA: MIT Press, 1995.

图片来源

图01，图02，图04~图06：Bawa G, Bon C, Sansoni D.Lunuganga[M]. Marshall Cavendish Editions, 2006.

图09，图14，图15~图16：来自参考文献 [1]；

图11~图12，图17：来自参考文献 [2]；

其余图片为本文作者自摄或自绘。

教学

EDU
CA
TI
O
N

芥 子 纳 须 弥

"兴造的开端——园宅与

宋曙华

引言

"兴造的开端——园宅与院宅"是中国美术学院建筑系本科二年级的核心入门课程。王澍教授在2009年创立本课程作为建筑系教学的启蒙,将整个二年级设计课分为园宅与院宅两个阶段。课程这样设置,我体会是试图将中国传统造园的山水意境与传统院落诗意栖居,融入当今的建筑空间创造,对开启中国本土建筑学的实验教学实践意义深远。

从大纲看,课程名称"园宅与院宅"中分别有"园"与"院"两种中国传统房子的基本类型。

"园"是传统中国人的理想居所,与园中山水共同生活,表达了中国传统文人对自然山水的精神追求。在传统观念上,造园近乎"道",它包含了传统中国文人对自然世界的理解与再造,呈现一种须弥世界的缩影。

"院"是中国传统民居基本空间形式,也被看作是偏重生活的"园"。院、宅结合,从最广泛的领域,建立起传统中国居住生活的基本空间架构。院落虽

渺如芥子,但它使中国人的住宅不再平庸,它带给每位居住者一片属于自身的天空,每个传统院落都是一段对平凡而独特生活的记忆,它让我们看到了传统中国人的居住世界因"院"而被赋予多元而包容的性格。

"园宅与院宅"中的"宅"凸显了课程对日常居住的态度。首先,对二年级建筑教学,"宅"包含房子与人建立的基本关系;其次,课程也是对二年级学生体悟"真实生活"的引导,在传统的园与院中倾听自己的心声,珍视每个人的真实生活体验,这将成为建筑创造的源泉。它使我们牢记这种启蒙式建筑学研究,根植于每一位参与者最基本的日常居住态度。

课程设置之初,王澍教授就强调这是一门建筑设计课程,园宅与院宅课题不是空泛的观念讨论,也不仅是一种历史情怀或个人趣味与偏好。从建筑设计课程的角度,课程顺序从园到院,表明对中国传统房子形式最基本的递进关系,也是课题研究从充满想象的精神追求之"园",跨越到日常生活的真实体验之"院"的过程。

的　　造　　园　　观　　想

院　宅　"　课　程　教　学　实　录　之　二

2009年王澍教授在开设本课程之际,撰写了一篇短文《造园与造人》[1],在文章里,他谈到了中国传统造园的复兴对于今天的中国建筑创作所具有的特殊价值:

造园代表了一种和我们今天所热习的建筑学完全不同的一种建筑学,是特别本土,也是特别精神性的一种建筑活动。园在我心里,不只是指文人园,更是指今日中国人的家园景象,主张讨论造园,就是在寻找返回家园之路,重建文化自信与本土的价值判断。

在文章末尾,王澍教授认为以参照传统文人造园的方式,来重塑我们的教学之路,一定会培养出有胸怀、识情趣、敢开风气之先,具有反叛精神但拥抱生活的"本土文化活载体":"但这种安静而需坚持不懈的事,一定要有人去做,人会因造园而被重新打造的。"

以此为展望,通过数年教学实验,我逐渐梳理出一条基于我对传统绘画体会的当代造园教学研究线索:将研究者个人生活化的园林体验,转化为传统造园的空间范式,创造出具有传统园林语境的当

代建筑空间构件。在创作形式上,借中国传统山水绘画立轴、手卷、册页三类范式,以"园林范构"为题,以观者自身对园林空间游历的体验为基础,要求学生展开日常观想的空间创作练习,找到一条属于研究者自身的观看之道。

"兴造的开端——园宅与院宅"课程是王澍教授设置的二年级教学建筑设计初步的总题。作为这次"不断实验"大展[2]中"如画"部分参展内容的2016年秋季园宅课程成果,参与本课题的教师共有四位,四位教师围绕园宅课题,根据自己的研究方向设置不同课题,让整个二年级同学选题。按照王澍教授的要求,四位老师的个人体验不同,课题设置必然是"有决定性的"不同的。

课程与教学成果展之后,我梳理了课程中与当代建筑学背景造园相关的若干条线索,在此引申讨论,希望将这门建筑学启蒙课程的实验性视野拓展到更具思辨深度的领域。

----

[1] 见:王澍. 造房子. 湖南美术出版社, 2016.
[2] 2017年是中国美术学院建筑艺术学院成立十周年,美院建筑学院为此举办了名为"不断实验"的教学成果展。

之一

缺席的园景

在景物缺席的现代建筑中，一切有关传统造园的思索与想象，在大部分时候是沉寂的。

历年的园宅课程曾存在一个问题：如在园宅课程之初，仅将园林作为唯一研究对象，许多初学者只关注园林中各种特殊类型的房子，而忽略了假山花木等园林要素的存在；或反之，迷失在繁复的园景、装折图像之中，完全看不到围合园林空间的建筑构件元素。初学者的这两种情形导致课程第二阶段的建筑化"园林构件"练习无法有效推进。因此，从2015年开始，我在课程第一阶段增设了"在当代建筑中寻找园意"的设计分析课题。课题将美院象山校区的建筑群作为"空间册页"构件练习第一阶段的分析与研究对象。*fig...01*

美院象山校区建筑群是经典的具有中国传统造园意趣的现代建筑。课程设置采用将研究对象"册页化"叠合、翻折、再造等研究方式，寻找建筑空间中隐含的传统造园意境。通过对实际建筑案例的分析练习，同学们领会了如何运用各类当代建筑空间语言来表达基本的设计意图。这类调研方式与造园研究类似，都依赖研究者对现场空间的个人体验。通过两学年的课程实践，我发现一些有趣的现象：课程设置的以个人游历体验为基础的空间调研，不一定会追随最初营造者对建筑空间序列的排布展开。在这种直观的体验过程中，每一位研究者都有自己的兴趣点与关注点，随之产生的特定空间体验为最初的造园研究提供了"建筑化"的研究方法。研究者体验的建筑空间不同于建筑物理现实空间——就如同绘画之于它所创作的现实来源，两者有共通之处，更多的含义在于我们如何用自己的感知去认识、发掘、再现。根据调研者自己的兴趣，有重点地通过"空间册页"还原现实的建筑场景。许多时候，这种空间分析还原甚至变为篡改式的创造。*fig...02*研究成果是建筑师、参观者、使用者的持

续对话。在此之上，体验式教学正在逐渐转化为一种创新的原动力。

在当代建筑中寻找园意——当然，首先这类当代建筑本身的创造核心必然带有造园意味。通过两学年课程研究，同学们在经历第一阶段课程后，似乎都找到了一套行之有效的建筑化空间组织方式，其中都带有或明显或隐含的传统园林空间特征。这套体验式的"空间册页"研究方式，自然而然地过渡到课程的第二阶段：分析传统园林。

本课程第二阶段是在传统园林中撷取空间。课题设置前提认为中国传统的造园能被转化为当代建筑创作。最首要的问题：中国传统造园与当代建筑创作之间是否已具备了等量的对应性？

在以往课程教学实践中，我发现从传统园林中分析出的空间类型，几乎不可能被直接转化为建筑空间的模式。传统园林属于比我们今天认知的建筑空间更大层级的时空观念。与中国传统绘画类似，这类传统观念下的时空展现，没有将人放置在时空的核心位置。这也是我在课程中，设置了借助传统绘画的模式来展开造园研究的原因。如果现代建筑的核心之一是空间，它所应对的范畴没有超出现实世界中人的感知与活动。中国传统造园应对自然，是传统中国人观念中理解世界的途径。园林中的房廊、山水、花木围合的时空，没有恒定的唯一核心。园林空间核心大部分时候可以是"景"——类型繁复的景致在诠释我们所处的世界中一切事物之和谐生长的关联方式。

园林中人物介入场景的姿态，同属"景"的一部分。在某些视角中，人物也可以是园林空间的核心。中国古典私家园林成为公园之后，观者在园林中的肆意活动完全颠覆了造园之初文人们设想的各种雅会。假山就是典型案例。今日的园林假山已简化为一种游乐工具，一种攀爬与展示人类慵懒肢体的构架。*fig...03*在现代人将"私园"转变为"公园"的氛围里，今人之于园林中对观者仪态要求的误解，也许是古今造园观念的分歧。传统文人习惯将自己的

fig...01 空间册页构件练习。作者：徐蒋婧靓

fig...02 内构外化，折叠建筑。作者：彭佳娴

fig...03 游乐与仪态。左：1980 年左右，传统私园变为公园后游人在假山上游乐场景；右：民国年间，吴昌硕与王一亭在园林太湖石假山边合影

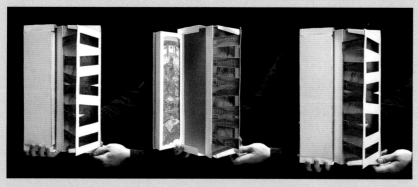

fig...04 廊园研究。作者：秦齐尧

身姿置于园林的山水氛围之中。民国时期，吴昌硕与王一亭[3]在园林中端庄的仪态表达了一种自身肢体语言无法名状的精神特征。借助同园林假山建立起"澄化万物"的姿态特征，使人物的身心最大限度地得到自然山水的融通。

----

[3] 王一亭（1867—1938）：实业家、慈善家、书画家。他在日本财界、政界享有巨大威望，正是他的大力推荐，让越来越多的日本人了解并喜爱上了吴昌硕（1844—1927）的艺术。1921 年，王一亭携手吴昌硕主办了第一届中日绘画联合展览会，日后共举办五届，展览深入上海、北京、东京和大阪等地。次年，王一亭又联合高岛屋百货美术馆为吴昌硕举办个人展览，轰动一时。王一亭的鼎力相助，将吴昌硕推向了东瀛艺术舞台的核心。

在传统园林中撷取空间——我们将如何以建筑空间的组织手法转化园林中各种类型的房子、假山、池水和花木？假如我们仅将研究聚焦于园林中的房子，缺失了其他景物，是否还能称作传统造园的建筑学研究？

在教学研究过程中，我们尝试将园林中诸多景物拆分，单列其中一类进行建筑空间语言转化的创作。这类创作观念恰似中国山水绘画的立轴与册页：立轴强调宏大而直观的视觉冲击，册页则讲述物类间的关联方式。这些针对不同景物多视角的园林构件练习，还没有完全转化为逻辑清晰的建筑语汇，它们仍停留在对园林景物表象临

CONTEMPLATION
&
CONSTRUCTION

135

观 造 的 须 纳 芥 教
想 园 弥 子 学

Education

摹的范畴。但在形式语言转化方面，作品展现出了崭新的面貌。

① 以园林回廊（拙政园长廊）为主线，勾勒出一系列特殊的窄长辅助空间，通过环绕的运动轨迹，还原其环抱虚相的特质；*fig...04*

② 以对园林假山的静观与动观为主线，辨析两类假山：静赏的孤峰式假山（留园冠云峰）是园林空间的核心，而赏游式假山（狮子林大假山）则是对宏大自然的消解；

③ 以当下园林中人物（藕园）的活动为线索，开启人物与园景对话的空间组织模式；

④ 将园林中的建筑化构件——曲桥（怡园）作为中国传统山水的彼岸范式，凸显在园林中随景幻化的时空观念；

⑤ 以园林中的云墙（沧浪亭）作为关注点，制造园景内与外、幽静与喧闹等多重主题并列，揭示了表皮与内核——两类世界轻薄的向背性。

从园林中抽取单独景物元素展开研究，在单一"构件"层面与现代建筑中的基本要素——楼梯、坡道、墙体、门窗洞、楼板、屋顶等产生对应或重组，强调了课题中有关建筑基本元素发展为多元化的园林构件过程。传统造园转化为建筑空间，存在天然的"不完整"特征。在课程的许多造园构件案例中，空间缺失核心内容——景，练习反而呈现出空淡的趣味。

联系造园与造房子之间的核心在哪里？前文提到现代建筑以空间作为其创作的核心内容，空间存在暗示即将出现的事件性人物活动。也可以说，现代建筑的核心问题是人。柯布西耶在《走向新建筑》中提出：建筑是居住的机器。建筑已经由手工艺术创作转向现代工业化体制的产品生产。时至今日，尽管建筑完全产品化的时代仍未到来，建造程序早已成为一种高度产品化的流程。

中国传统文人造园核心是撷取自然，将生活安置在意趣高雅的山水之中。同时，园林也是中国传统文人通过寻求自然之道，探索与创造精神世界的一种途径。传统中国文人造园并非只为享乐，它的价值更多体现在园主对多元自然的独特理解。园林营造的过程也是自然、生活与岁月的积累。在园林中悟道的直接对象是各种景，景致是造园的核心，如何理解园林的景致又回到了我们最初的话题。

高居翰在《诗之旅》[4]中提出对中国传统园林景的理解：

① 在自然中隐居生活，漫游其中寻找诗意，或驻足体验某种景色与声响，品味它们所激起的真实感受，以此作为途径返回内心安全的居所；

② 使一种理想的叙事或神话在类似图画的场景中获得实现；

③ 寻求心念之外的神灵彼岸。

通过近几年对园林景致问题的思考，我在课程中从当代观念造园的角度，对园林景致理解作了三点扩充：

① 园林中自然物或人工物有意味的相融。景致是诗意的自然或人工风景，造园的各类不同元素和谐自然组合关系，同样能成为风景；

② 园林中预设文人雅集姿态。园林场景中人物抚琴、调鹤、对弈、煮茶、品茗、清谈等雅集活动呈现出的姿态，同属特殊的园中"风景"；

③ 山型范式——微园。*fig...05*传统文人的案头手边，具有"传统山形范式"的各类清供雅玩，在赏玩过程中激发观赏者的创作，同样可以是指尖的风景，微观的园林。

通过分析传统园林与现代建筑的核心观念之间存在的异同，我们发现以当代建筑创造的理念，不可能涵盖传统造园的全部。甚至在西方的建筑传统里，也找不到一种与中国造园类似的"观念之物"。透析了这个问题之后，在对待"传统造园"之于"当代建筑创造"二者的对应性转化问题上，我们还远未有望见彼岸的风景。

[4] 高居翰（James Cahill）. 诗之旅——中国与日本的诗意绘画. 洪再新，高昕丹，高士明译. 上海：生活·读书·新知三联书店，2012.

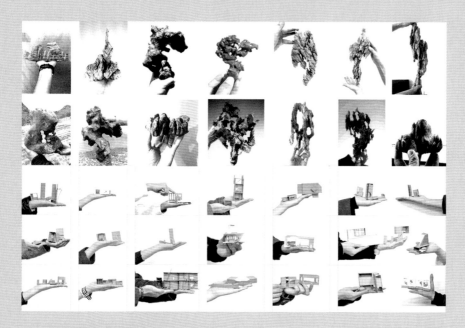

fig...05 指尖的风景，微观的园林

在课程中，为了尝试表达"景致"的核心位置，我希望研究者们在园林中撷取空间创造时，应展现创造空间的目的：观景悟道。在园林构件练习中，必须保留对"景致"的敬意，课程设置了三类"景致"的形式，用以探讨园林中景致、空间、视点三者之间建立起的对应关系。

① "空间之空"成为一种景致，类似中国禅宗修行方式。以几何形态组织园林构件的空间序列，通过铺陈一系列室内外空间光影的变幻，在空泛的场景中体悟内心之道。研究建筑中变幻的"空"传达的意义，这也是现代建筑创作的核心共识。

② 以绘画的方式描绘景致，描绘对象为园林中的自然物像：山石、流水、松柏、云气、仙鹤、文士等。这些图像以二维形态依附在园林构件上*fig...06*，受空间形态的影响而产生新的变化。这类展示画面的方式，虽然不属于建筑空间营造手法，但它让造园构件练习中各种空间组织手法变得更有针对性，更容易被理解。

③ 简化造景形式语言，暗示观者记忆里的"缺席的风景"。运用几何空间组织方式，再现"步移景换"的意趣。园墙的朝向，门、窗、洞分别应对某个静止的位置，这个被聚焦的位置以"弱势的园林自然物"作为一种象征的提示，通过种种暗示，使观者回想起真实自然中有意味的景，使现实中的空间与回忆里的风景在观者的眼前相融。

课程在当代建筑造园研究的初步阶段，重点致力于对"园林景致"的建筑语言转化，让现代建筑空间语言的核心从空泛的等待，成为一种与自然相融的有意味的形式聚焦。在课程研究实践中，我看到了传统造园核心——对景进行建筑构件语言的多义隐喻，正替代以往的"缺席"，厘清了一条具有中国传统空间趣味的造园研究之路。

fig...06 荷风四面。作者：陈喆

之二

类型造园

早在2009年，王澍教授开设园宅课题之初，在一次
教案讨论会上强调二年级教学虽然是建筑学启蒙，
但不意味着按部就班，启蒙是一种新观念的开创。
继而具体落实到两个观点：首先，在本课程中与中
国传统造园相关的研究不是空泛的建筑史学与观念
讨论，最终都必须落到实处，转化成具体的空间语
言，要以开创一种当代造园建筑学的方式展开相关
研究；其次，课程研究的对象虽为古典园林，但在
进行新的设计转化时，不能肤浅地照搬传统建筑形
貌，设计所运用的建筑语言必须是当代的、未来的。

园林中传统的形式如何通过空间语言转化为新
的建筑设计？2013年之前的园宅设计课程中，我一
直将这个问题视作形式语言范畴。课程集中关注两

方面：空间营造手法与形式语言创造。相对园中景
与物的形式语言，园林的空间营造特征性更强，更
容易归纳为课堂建筑学教授的内容。

以营造空间作为建筑创造的原动力是西方当代
建筑学核心理念。空间之空，是为预设与展现建筑
中的人物将引发的事件。因此，上述理念也可被认
为是以人的存在与活动为核心的建筑观。以当代建
筑的空间观念来解析中国传统造园，最理想的研究
场景是处于真实的现存传统园林中。只有如此，我
们的研究才得以以现实的园林景物为边界，在虚拟
的空间坐标上建立定位关系，清晰地界定出园林事
物间的关系：方位、距离、高度、广度、宽窄等，以
量化方式与空间感知相结合，得出一系列园林尺度
与意境的体验。在真实园林场景中研究空间问题的
另一个好处是，这类研究必须建立在研究者真实的
"运动" 观赏体验过程中。研究可以建立在一套移动

fig...07 西方人眼中的中国园林：满溢的房子孤岛与象征性的可怜花木。18世纪中国园林（圆明园）铜版画，法兰西皇家地理学家 Georges-Louis Le Rouge 绘制拷贝

的"原点"之上，由此展开对整个园林的度量。类似电影摄像技术，这些被用于定位移动观赏的时间"原点"被假想为锚固于摄影机记录场景的某一帧，这是一种以时间切分空间的度量关系。

上述两类研究方式——关注园林场景中的"景物"或游览过程中的"帧"，都是为了找到研究起始的"原点"。西方人将园林中的房子作为度量"原点"的开始，也许他们认为中国园林房子类型繁多，式样精妙，耗费大量人工，真正体现了造园价值所在。而园林中的自然物——山水花木，时刻处于变动之中，难以以静态研究界定。以园林中的房子为"原点"，能够展开相对稳定的研究，从而获得更有说服力的结论。

无论西方视野中的中国传统园林魅力何在，面对今天我们以建筑学为背景的传统造园研究，对园林中房子的关注，与彼时西方视野中的中国园林，在某些方面是趋同的。

自西方文艺复兴以来，中国造园艺术通过器皿上的图案与文字描述被西方初识。1707年，意大利传教士马国贤（Matteo Ripa, 1682—1746）由罗马教廷派来中国，将承德避暑山庄三十六景转绘成铜版画，1724年将铜版画带到英国，首次为西方世界带去了中国园林图像的描述。1743年，法国人王志诚撰文向西方人介绍了正在建造中的圆明园，并在几年后将圆明园铜版画邮寄回法国。在西方传教士与宫廷艺术家传播的中国园林铜版画中，园林美学价值聚焦于以庭院为主导的园林房廊类型差异。

法兰西皇家地理学家 Georges-Louis Le Rouge 在1776至1788年绘制出版了 *Détails des nouveaux jardins à la mode*（《中国园林铜版画集》），共包含97幅中国园林铜版画。这本合集中的第一幅《孤岛园林》大概呈现了当时西方人观念里中国园林的完美范式。在这幅孤岛般拥挤的中国皇家园林铜版画中*fig...07*，我们可以看到隐含着的西方城堡的建构秩序。与中国人印象中师法自然、以山水花木等自然物为主导的园林不同，在这幅铜版画中，房子与园墙围合的庭院沿着南北向反复蔓延几乎占据整个岛屿，呈现出满溢与

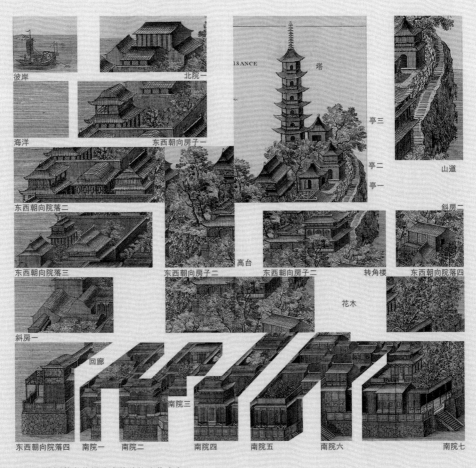

彼岸　　　北院一　　　塔　　　亭三

海洋　　　东西朝向房子一　　　亭二　　　亭一　　　山道

东西朝向院落二　　　斜房二

东西朝向院落三　　　东西朝向房子二　　　高台　　　东西朝向房子二　　　转角楼　　　东西朝向院落四

斜房一　　　花木

回廊

东西朝向院落四　　　南院一　　　南院二　　　南院三　　　南院四　　　南院五　　　南院六　　　南院七

fig...08 将园林岛屿拆分成单独的院落或房子

拥挤的状态。画面中的树木被安插在房子或院落间的缝隙中，顽强地探出身子。整个园林的秩序是由房子主导的：描述者对园林房子的类型有着超乎寻常的热情，我们尝试将拥挤的建筑按其原本的院落形态进行了再次切分，以便能够清晰地看到园、宅间存在的差异。*fig...08*

①孤岛式园宅的类型繁多，虽然总体上看房子彼此相似，但它们之间总会存在一些微小的差异。如果我们将房子立面隔扇样式的差别也计入类型加以区分，那么，几乎没有一座房子是完全相同的。

②孤岛式园宅分成四种朝向：占主导庭院的南北向、起围合作用的东西向、象征顺应自然的斜向、小山上挤满俯瞰的亭子与宝塔。

③宝塔在中国园林中既是风景，也作为一种超脱凡尘的寄托之物。画面的小山顶，在一堆密集房子之上探出的宝塔，更像是西方空间语境里进行权力监视的核心物。高塔内似有一双眼睛俯瞰监视着整个岛屿。

④在岛屿内我们没有找到中国园林里常见的池水，整个园林岛屿孤单地处于一片汪洋中。这种场景是否能理解为西方人向海洋探索的外向视角？画面左侧水域中的帆船正扬帆起航，证实了这幅中国园林铜版画处于西方人视角的推测。

在铜版画中，绘者对作为中国造园的核心——自然，以及代表自然的山水与花木的描绘显得漠不关心。作者似乎在画完整个岛屿的院落后，才想起花木，因此在画面右上角，沿着小山与房子的间隙填补了一片树林。与画面中房子的多元类型相比，绘者对植物的描绘显得苍白而缺乏想象力。当我们今天习惯将仅有植物点缀的繁复院落空间称作传统园林时，我们已经忘记在晚明之前的山水绘画中，中国传统园林所呈现的完全是另一种样貌。明代文人画家文徵明为王世贞绘制过一套《拙政园三十一景图》册页*fig...09*，通过三十一幅配有诗文的园林场景片段，呈现彼时的拙政园空淡而雅致的趣味。

与西方人绘制的圆明园铜版画相反，在这三十

fig...09 文徵明，《拙政园三十一景图》

一幅册页绘画中，文徵明对园林中的花木类型展现出极大的兴趣，花木是绝对的主角。

① 作者极有耐心地描绘了超过五十种不同类型姿态的树木与花卉。造型各异的花木按中国绘画观念，分为近、中、远景，并且施于不同的描绘手法。乔木枝叶的类型还暗示不同的季节；枝叶繁茂与枯寂并置在一起，暗示生命的轮回；狂风中的松树则比拟文人坚贞不渝的风骨。

② 房子被有意弱化：或成为背景；或被云气与植物切割，仅展露一角；所有房子都敞开大门或根本无门，看起来更接近亭子；在册页画面中的房子是点缀，有一半的册页完全看不到房子的踪迹。

③ 另一种隐含在画面中的传统园林主题：山水。每一幅册页中展露的空泛中，实际都有水域存在。各类绘画中约定俗成的水岸形式切分出水域的变化，呈现出多种类型的特征：溪水、河流、湖泊、山涧、荷塘、水口、江岸。

通过上述两幅园林绘画，我们得以从两种不同的历史视角回望中国传统园林。对园林中房子或山水花木的聚焦，透露出传统园林经历的转变。西方人眼中的中国园林中，房子类型化繁复的表征，替代了晚明以前中国园林中山水花木众多不可名状的寓意。高塔意味着对内部的监视与外部的眺望；汪洋中的孤岛凸显出中华帝国所处的危险境地；而扬帆起航的帆船将致力于对外部世界的探索——从西方人的视角挑战了帝国封闭的园林心态。

文徵明笔下的园林同他的绘画山水一样，都呈现出一种繁复的特征。以往我们习惯于通过视觉形态的数量来判别"繁复或空淡"。对三十一景的解析过程，以中国式的山水图像分类观念带给我们某种震撼——将这个世界全部自然山水类型化，植入人工园林的那种抱负。对自然山水以局部、构件化的视角进行类型化分析，山水类型以局部的分类图像方式出现，在册页绘画的语境中，这种类型山水图像，被视作山水本身。这种明人对园林册页的分类展示方式，也正是本文第一部分提到的，本年度课程"空间的册页构件"对建筑造园的一种研究方式。

圆明园铜版画从表面上看，可以理解为西方人对中国园林的误解。或从本文上述的中西对照分析中，可以体悟到，这类令人窒息的充塞感是对明代文人造园理想背道而驰的讽喻。

今天我们尝试建筑领域观念性造园实验，也

CONTEMPLATION
&
CONSTRUCTION

141

观 造 的 须 纳 芥 教
想 园 弥 子 学
Education

许正在印证两百年前西方人视野中的中国园林景象——满溢的房子孤岛与象征性的可怜花木，以及由此产生的"未满中式"[5]的视觉与形式趣味。晚明以后在中国视觉艺术领域，域外视角日益影响中国人对自身艺术的审视。[6]不知不觉中，那个时代的园林也许恰好记录了这一变化，成为域外视觉观念影响中国近代造园艺术的一种猜想。

中国近代建筑创作（民国以来）对如何传承传统造园的研究，一直未找到特别合适的视角，造成当下中国传统园林与当代建筑创作割裂的局面。假如我们抛开对中国园林情怀的执念，回到今日之教学中，会发现我们似乎自觉或不自觉地正在采用类似铜版画的视域，构筑对传统园林的当代建筑化转化的模式。至少当我第一次看到这幅画时，就被它深深地吸引，并且不断地解读出其中与空间创造相关的含义与差异。这也是我当下正在疑虑的问题。

将园林构件中的建筑元素，通过与园林山水范式结合，使这类结合成为全新观念上的"景致"。怎样的建筑构件形式，才能承载今日的"造园之重"？圆明园的铜版画给我们一种当代造园"新风景"的启示：对园中房廊之间在形态上展现微弱差异的辨析，形成建立在建造基础上的、类似辨析自然景物差异的赏析。而这类多元房廊所汇集的类型构件，能否成为今日类型化造园"有意味"的景致？

之三

芥子纳须弥

①

册页造园

本学年的园宅课程，我设题为"芥子纳须弥"。

"须弥藏芥子，芥子纳须弥"。[7]在中国传统的宇宙观中，芥子极微小，而须弥极宏大，以自然之于园林乃是须弥纳于芥子，引出本课题园林之于"空间册页"构件的练习亦属同理。课程希望将传统绘画册页的展示方式，带入园林空间的厚度、深浅、广度、方位等建筑学基本要素的创新创造，寻求传统中国文人造园"幻变巨细"的自然之道，领悟传统造园之于真实自然、大小互融、增减无碍的境界。

课程具体的操作形式上，芥子与须弥，本身暗示了一种压缩与展开的"内构外化"的空间形变想象。通过本课程研究的"芥子"通达传统造园观念的"须弥"之境，由小变大，或者以简化繁，都可能是对观念化想象的描述。它将传统造园与中国传统时空观念建立起古今的关联，同时也为当下的建筑空间设计启蒙提供一种不同以往的视角。

课程借助传统中国文人山水绘画册页的形式展开研究。在课题中，绘画册页似园林中连绵粉墙，又如同当代建筑表达自我的剖面。它通过一系列与空间相关的简短主题，达成对宏大叙事的消解。同传统册页绘画的二维平面不同，本课程的造园研究册页是"空间性"的，但同时又带有绘画册页的观赏特征——观赏者亲自"翻动"空间册页的观赏方式，隐喻为现实游园的经历。对空间册页构件的观赏，也是一种带有厚度的翻动，这一过程实质上更像窥探一座含苞的花园，观赏者开启册页的方式与翻折过程，似乎正能够应对园林空间里层层叠透的院落回廊、假山花木。研究各种指尖翻动开合的过

---

[5] 程度不够的事物发展阶段，称作"未满"。未满规避了所有谈论园林话题的话头，由此规避了不够远见的话语所招致的非议。未满本身只是一种中间状态，它还没静止，没有停下来成为凝固的经典。

[6] 近代西方对于中国的视觉影响：1. 中国在明代中期通过传教士引入铜版画，以文艺复兴的透视学为基础的绘画方式影响了当时中国传统的绘画创作；2. 1607年，徐光启与利玛窦合译了《几何原本》，成为最早介绍西方几何学基础的著作；3. 年希尧（1671—1738）在雍正年间出版的《视觉精蕴》与雍正十三年（1735）出版的《视学》，是中国学者对西方透视学的初步研究与介绍。

---

[7] 佛教用语，出自《维摩经·不思议品》："若菩萨住是解脱者，以须弥之高广，纳芥子中，无所增减，须弥山王本相如故。"

fig...10 须弥山。作者：彭佳娴

程，回应了在真实园林中，观赏者探访、赏游的各种身体性活动。*fig...10*

中国传统造园是中国文人对自然山水观念化的演绎。就本课程教学而言，对传统园林的独特空间体验，比仿造园林的表面形式，更贴近初涉者内心。教学过程中，同学们自主性地创造园林空间折页模型——看似是从中国传统绘画册页的形式发展而来，实质上创造出一类特殊的建筑化的空间载体，它们记录并展现了课程的参与者独有的观游园林的记忆与体验。就如中国近代学习山水绘画从《芥子园画谱》入手，本课程通过册页片段化取景的方式，将庞大的园林体系拆解、重塑，通过设置园林构件与主体景框间抽拉、开合、翻折等动作，创造出游园过程中景物运动的广窄、动静，衍生对景致新的解读。

课程第二阶段，同学们对手头创作的几十个"册页模型"，如何转化成"真正的房子"颇有疑虑。2017年春，园宅课程的后半阶段，恰逢中国美术学院建筑艺术学院建院十周年的教学成果展，园宅课程入选这个展览。展览传达给课程一个具体的目标，恰好给了课程一个机会来验证这种猜想：同学们创作的"掌中芥子"，通过某些特定方式，能够直接转化成现实的"须弥世界"。展览中悬浮在整个展厅之上循环往复的"须弥山"模型，正是这样一种应景的集体创作。*fig...11* 它既能够被看作验证了本课程每一位同学创作的园林"芥子"册页构件所蕴含的原创力量，也昭示了山水画境造园能够幻化作宏大空间格局的想象。

②

物小而蕴大

课程最初构想源于晚明造园家李渔在自家宅院中的一系列的造园活动。李渔借助自宅庭院中的一座形如芥子的天然小山，抒发了自己"以山作画，以画观山"的个人化观念造园理想。

予又尝作观山虚牖，名"尺幅窗"，又名"无心画"，姑妄言之。浮白轩中，后有小山一座，高

CONTEMPLATION
&
CONSTRUCTION

143

观 造 的 须 纳 芥 教
想 园 弥 须 子 学
Education

fig...11 芥子纳须弥。搭建负责：丁翔宇、柳凡、王韵淏

不逾丈，宽止及寻，而其中则有丹崖碧水，茂林修竹，鸣禽响瀑，茅屋板桥，凡山居所有之物，无一不备。盖因善塑者肖予一像，神气宛然，又因予号笠翁，顾名思义，而为把钓之形。予思既执纶竿，必当坐之矶上，有石不可无水，有水不可无山，有山有水，不可无笠翁息钓归休之地，遂营此窟以居之。是此山原为像设，初无意于为窗也。后见其物小而蕴大，有"须弥芥子"之义，尽日坐观，不忍阖牖，乃瞿然曰："是山也，而可以作画；是画也，而可以为窗；不过损予一日杖头钱，为装潢之具耳。"遂命童子裁纸数幅，以为画之头尾，乃左右镶边。头尾贴于窗之上下，镶边贴于两旁，俨然堂画一幅，而但虚其中。非虚其中，欲以屋后之山代之也。坐而观之，则窗非窗也，画也；山非屋后之山，即画上之山也。不觉狂笑失声，妻孥群至，又复笑予所笑，而"无心画"、"尺幅窗"之制，从此始矣。[8]

这段李渔对自家园宅的描述与我们今日理解的大兴土木的"造园"活动不同。李渔为己造园，一系列的营造活动非为娱人耳目，只在体验自身内心需求，寻求与自然相融的那片宁静，因而这类造园无需揣摩权贵心思、主人嗜好，无需假装生活在他人的舞台上。正是这类根植于自身日常的造园活动，折射出大千世界里"芥子"渺小而缤纷的多面。李渔的自宅造园并非一蹴而就，而是以各种"发明式"的日常修补，随岁月逐步汇集而成。这段文字出自《闲情偶寄·取景在借》，李渔的造园观念对观景的态度，不在如何而"造"，而在如何而"借"。这类造园观以明代中期文人与士人阶层简雅的生活趣味为基调，营造动作轻盈而少费人工，强调历练慧眼，创造独特的"取景框"来获得对重置自然的独特审美体验。

⑧ 李渔. 闲情偶寄图说（上下）. 王连海注译. 山东：山东画报出版社，2003：203.

fig...12 尺幅窗图式，《闲情偶寄》原书插图

李渔的造园遵从个人内心需求，呈现出多元的面貌，是一类被我们今天忽视的创造视野。他创造的各种"园林构件"改变了我们日常生活中体悟自然的方式：

① 便面窗、无心画、尺幅窗，以景框传画意 *fig...12*；

② 画壁闻莺歌，以声容汇画境；

③ 浪里梅窗，以内外青绿一物判二物；

④ 幽斋化窑器，虽居室内如在壶中；

⑤ 贫士好石，一卷特立，坐卧其旁，以石作器。

这类"轻盈造园"案例，追求俭而雅的艺术趣味，让凡人眼中平淡的生活充满创造的智慧。李渔的"物小而蕴大"展现的山水之乐，带给园宅课程颇多启迪。他描述的"物小"涵盖了我们生活中有意味的琐碎片段。"蕴"是一种辽阔的视野，透过物象的小，发现蕴藏其中的自然而然，在这些小创造中寻求与自然相融的启迪。

从授课对象来看，本科二年级学生的建筑专业知识储备有限；对于课堂教学而言，假设园宅的教

学目标定位于复现传统造园，首先羁绊于场地、花木等建造资源。借助李渔"物小蕴大"的"轻盈造园"实践观，课程将造园具体构件研究制定得简短、清晰而前后连续。以小蕴大，推陈出新，以今日自然为当下造园之镜鉴，此时、此地、此景才是新风景。

便面窗、无心画、尺幅窗，都是李渔创造的以自己独特的方式观望自然的"框景"。园宅课程教学借助中国传统绘画中册页的形式来展开研究，与李渔的造园观类似，传统册页绘画"片段散点"的框景方式，既能够展现自然宏大多样的类型差异，又是轻巧的"取景框"，在增加了空间因素后，它呈现出包容而独特的姿态。

③

观念造园

雷德侯教授[1]曾经研究过佛教中的圣山——灵鹫山从印度传播到中国的历程。灵鹫山的发源在印度，传说是佛陀讲解《法华经》的场所。而在今天的中国，被称作"灵鹫山"的佛教景点不胜枚举。任何地域的任何山都能被称为"灵鹫山"？是什么因素，让印度的圣山能够在异域得以传播，从而散布其宗教精神的原动力？

雷教授在中国通过大量实地调研后，发现"灵鹫山"在异域传播过程中，将圣山观念范式化是其关键的传播媒介。通过"山"的范式——形如灵鹫的峰石 *fig...13*，与佛经——佛陀昔日宣讲的《法华经》，两者形与意结合，共同形成了观念化的"圣山"。"圣山"作为一种超自然的佛教观念无处不在，它能够摆脱地域的限制（比如中国的信众不可能都跑到印度的圣山朝圣），成为一种能被全世界的信众在自己生活的地域不断复制建构的"圣山"。对其"神

[1] 雷德侯教授（Lothar Ledderose），1942年12月7日出生于德国慕尼黑，是西方汉学界研究中国艺术的最有影响力的汉学家之一。本文中引用雷教授2015年在中国美术学院的讲座"圣山的书法迁徙"，主题讲述了佛教圣山作为印度的一种宗教范式是如何与中国的书法艺术共同创建佛教的精神场所的。

fig...13 印度灵鹫峰

性"的合法性研究，或者为我们提供了一种精神世界力量传播的规则参照。在这一规则中，并没有对圣山的形式进行具体图像描绘，只有含混的物相指引——灵鹫。混沌的意指最大可能地消解了形态的限制——整座山形似灵鹫，或者只是山上的某块石头看起来像灵鹫。第二类转化，将佛经（《法华经》）经文以汉字书法的形式，镌刻在石壁上，让经文成为"可视化系统"的第二种元素。

这类具有特殊山形范式（灵鹫石）与佛经书法摩崖石刻艺术相结合，为印度圣山观念"化身"在中国境内的任何一座山做了充分铺垫。据此，中国境内现存的灵鹫山都达成了上述条件：其一，有灵鹫状的山峰；其二，摩崖书法石刻佛偈；二者结合成为"圣山"合法性标签，为山的宗教场域提供了"可视化"的精神领域解读。

佛教灵鹫山的中国本土化历程提要：

圣山场域精神＝山的范式（灵鹫）＋佛偈（书法艺术推动下的佛教观念传播）

这个案例给予我课程设置很好的启示：不同领域的观念在传播与转译过程中，需要借助"可视化"的范式。观念如果仅通过文字的抽象描述，不可能达到诸如在空间场域中感受得到的巨大凝聚力与影响力。

因此，课程在初始阶段就强调园林空间册页构件练习的可视化场域特征，以及建构场域的山型范式与园景题额。当然，这个案例也同样涉及本文在第一节"缺席的园景"中所讨论的，传统造园空间核心"景致"的问题。在这个案例中，景致在精神领域得到提升，成为一种"可视化范式"。

实际上，对本文上述案例的解析，并没有完全应对教学研究，这些教学过程中带出的思考，只是从某些局部去验证，更多的讨论仍处在猜想的状态。本文探讨的许多问题视角源自课程，但讨论的广度与深度已超出了一个建筑设计初步课程的范畴。这个课程最大的特点在于其所传授的知识并非凝固，课程的开始就是一个新研究原点，老师与学生都从这个点出发，通过课程设置的课题练习，激发或验证我们为未来创造的各类日常观念造园。

传统"哲匠"观下的工法思辨

陈立超

"如哲人般思考，如匠人般劳作"，这可能是近年来在美院举办的各类活动中出现频率最高的一个学术口号。针对美术教育，尤其是带有技艺特色的设计教学而言，我认为这个口号里所描述的状态是非常合适的，它不只是面对思辨的一个态度，更是对于日常劳作的一种自觉，思辨和劳作直接对应于人的大脑和双手，只有这两方面的结合才是设计教学所追求的最终目标。

然而，在我国古代，受"重士轻工"思想的影响，"工"是属于形而下的东西，工匠之艺往往被视为"雕虫小技"而不受重视。因此，在那个年代，既掌握工匠技艺，又具有"士人"秉性，并且能够被称为"哲匠"的人自然是少之又少，但这一直是我们传统文化中一条非常重要的隐性线索，且还在时断时续着。在今天的时代背景下，再次提出来就是要把"士人"和"匠人"之间的隔阂打破，无论是对于擅长造园的"士人"或是擅长悟道的"匠人"而言，他们的共性不但是具有很高造诣的学术涵养，同时也是擅长亲自动手建造的能手，唯有符合这个唯一标准，他

们的作品才可到达传统营造观念内的最高境界，这一类人才能够被称为真正的"哲匠"。

在《庄子·养生主》篇中，庖丁曾对文惠君言："臣之所好者道也，进乎技矣。"[1] 这里提到的"技"是可通"道"的，庖丁所演示的虽然是"技"，但他显然觉得自己已经超越了"技"的层面而抵达"道"的悟性，而这个"道"只存在于"技"里。在技艺的学习当中才能体悟道理。这个道理既是技艺的规律，也是人生内心的大境界。匠人的内在修养支撑着这种心灵层次的感悟。"道"反过来也是可养"技"的，一个匠人对"技"的熟练掌握度和他对"道"的体会的深刻度是直接相关的，所以"道技相生"才是我们所说的"哲匠"观的真正精神内涵。梁思成先生的弟子罗哲文在《哲匠录》的序言中曾提到，他的恩师梁思成先生在进入营造学社之初所进行的一项最重要的工作，就是拜实际操作的工匠们为师，完成了《清式营造则例》一书，成为理论与实践、"哲"与"匠"结合的成功实例。[2]

而如今国内的建筑教育需要面对的现实是，大

教学
Education

传统
『哲匠』
观下的
工法思辨
和
『砌筑基础』
课程
的
教学探索

和"砌筑基础"课程的教学探索

学里的建筑学专业，一部分仍致力于教授传统的以巴黎美术学院的布扎体系（Beaux-Arts）为原初背景的所谓正统建筑学，尽管经历过"现代主义""后现代主义"等各种名义上的变化，但究其本质，仍然是以西方古典主义构图和形式美学作为视觉意义上的训练标准，有意无意地陷入一种建筑表达图像化的趋势。而另一部分的教学则另辟蹊径，紧跟当代计算机参数化辅助设计的潮流，以满足技巧的简单运用和纵容时髦的建筑形象为倾向，并且以将技术奉若神明的价值取向而沾沾自喜。由此可见，由这两种教学方式培养出来的建筑师，他们的共同特点是几乎都与现场的建造和材料的感知无关，和工匠的沟通讨论也几乎没有。工匠在现场的工作，就是按他们在办公室画完的图纸浇筑混凝土、砌墙和贴石材，"道"和"技"之间除了这一纸蓝图作为媒介物，就不存在关于材料和构造的任何追问和探寻。"道技相分"的这种现行体系导致匠人手上的技艺成了无处施展的普通劳作，那种传统意义上追求"自然之道"的建造法也必将面临终结的归宿。

这种传统意义上的建造法，既没有宏大的建筑史记录在册，也没有深厚的建筑理论作为支撑，更没有专门的建筑设计教科书来进行传授，那么它存在于哪里？它存在于活着的工匠体系里，存在于依赖手作的经验中，存在于"哲人"和"匠人"的相互协作，甚至彼此合而为一的劳作实践中。首先，他们一向自觉地选择手边的材料，这类材料若按正统建筑学的标准来判断，应该都属于低等级的乡土化的材料；其次，建造方式尽可能少地破坏自然，不自觉地选择一种谦卑或隐匿的姿态，来面对自然造化对人类的回馈；然后，材料的使用总是遵循一种循环往复的更替方式，这种方式一直存在于我们的传统之中，而工匠们在漫长的时间中把这种面对自然的永续之道逐渐发展为精美的技艺。[3]而它所追求的这种重返自然的"哲匠"观，则根植于我们几千年以来的文化积淀，来源于我们最原本的乡土山川，可是它却属于一种几乎快要被我们遗忘的思想体系，这一思想体系的原型出自地域性的文化根源和日常化的营造经验，而不是出自所谓的以正统建筑学为代表的文化象征主义。这种重返自然的"哲匠"观无关于尺度的大小，只关乎建造"工法"上的诸多思考和探究。

自人类有停留和居住的行为起始，"如何建造"一直是传统建筑学中一个无法回避的议题，伴随着材料、力学和技术等因素的发展，形成了自身较为系统和完整的理论体系。而在20世纪末期，作为这一体系新的视角，以肯尼斯·弗兰姆普敦（Kenneth Frampton）为代表的西方建构理论被引入国内之后，"如何建造"更是成为建构学理论讨论的核心问题，但是，在这一背景下，以"建造的诗学"为核心的价值观，却往往在本土化过程中被窄化为"对建筑结构的忠实体现和对建造逻辑的清晰表达"这样一种理解维度，这一点无论是在其理论框架的内涵还是外延上，都有断章取义和以偏概全的倾向，这种对建构学机械的肢解和无节制的简化，会使"建构"观念降格为一种美学教条、一个学院内的谈资、一场只开花不结果的概念游戏。[4]

弗兰姆普敦的建构学理论不仅关注如何建造，更关注背后支撑建筑师建造活动的种种理论思考，这些理论思考往往具有多元的复杂性和矛盾性，具备不断衍生和演化的可能，并不能将其简单地教条化。就拿戈特弗里德·森佩尔（Gottfried Semper）来看，虽然在他的阐述中，材料和建造都很重要，但他不同于维奥莱-勒-杜克（Eugène Viollet-le-Duc），并不是一个单纯的结构理性主义者，他从未认为材料和建造是唯一的决定因素，形式与表面的图案是同等重要的考虑，尤其当这些图案具有象征性或是再现性内涵的时候[5]，并且他甚至觉得为了象征性的显现，可以把材料和建造的本体性表达隐匿起来。于是本体在这儿已经变得不再需要了，就此，哈里·弗朗西斯·马尔格雷夫（Harry Francis Mallgrave）曾经鲜明地指出，森佩尔在对待结构和饰面的相对表现性问题上多少有些模棱两可，在对待结构本身的象征性表现（也就是说从技术和美学的角度对结构进行某种合理的调整）与无视结构的象征性饰面之间的关

系问题上，也显得犹豫不决。[6]

那么当我们面对上述模棱两可的理论思辨时，不免会思考到底什么是建构学不可缩减的内核？我们如何开展更有针对性的建构学研究？与其沉浸于一种自上而下的不甚清楚的建构学思辨中，倒不如关注于一种自下而上的以真实建造为思考对象的工法探究。工法这个概念，是王澍教授在阐述重建一种中国当代本土建筑学的基本观念中反复提到的，以工法的角度展开研究性的思辨，使我们能够摆脱以一种主义替换另一种主义的思想游戏，回到建造的内在逻辑，回到材料、做法、工艺、构造、节点等具体问题中去展开自足性的讨论。这其中的原因有三点：

其一，工法研究相对于整个建造过程而言，可以把关注点聚焦于更微小而具体的方面，相对于宏大的主体结构形式的讨论，工法的研究更偏向于构造、表皮、饰面、围护等细枝末节处；

其二，工法研究关注的是建造的动态过程，它不是固化的行为，不是一个房子建成后的研究评判行为，而是和建造的整个过程紧密相随，时刻在观察和思考着每一个节点的构造方式，每一种材料的表达方式，每一种工艺的操作方式，通过这种持续不断的观察来建立一种跟建造有关的批判性思考；

其三，工法研究是和工匠一起工作的一种研究方式，彼此之间形成了互为指导的关系，能够对材料和做法进行真正的现场式深入交流。这意味着这个建筑不仅出自某个建筑师的大脑，而且出自很多双手的触摸和劳作。意大利建筑师伦佐·皮亚诺（Renzo Piano）曾这样描述建筑师和工匠之间的关系："建筑师必须同时也是一名工匠。当然，这名工匠的工具是多种多样的，在今天的形式下也应该包括电脑、试验性模型、数学分析等，但是真正关键的问题还是工艺，也就是一种得心应手的能力。从构思到图纸，从图纸到试验，从试验到建造，再从建造返回构思本身，这是一个循环往复的过程。"[7]

由此，关于工法的研究产生于真实的建造过程。

教学
Education

传统
『哲匠』
观下的
工法思辨
和
『砌筑基础』
课程
的
教学探索

fig...01 2015级学生完成的 " 砌筑基础 " 课程作业

在运用任何一种材料进行建造之前，必须尊重材料的属性和技艺的特点。只有这样，我们的建筑才可能获得普适的约束性，而正是这种约束性维系着整个世界的可持续性。今天的绝大多数建筑，与其说是 " 建造 " 的产物，倒不如说是 " 堆砌 " 的产物。某些伟大的建筑作品露出虚弱的神态，那是因为它们并非真实的 " 建造 "，而是 " 堆砌 " 起来的， " 堆砌 " 没有技艺和法度可言，这一缺陷使它们看起来更像一幅幅精美的透视图。如果在我们当代这个以短暂性为特征的无根文化中，建筑能够以其物质性以及相对的恒久性作为一种抵抗力量，在纷繁多变的图像时代成为人们实在的、可以依托的处所，那么，或许达到这一点更多的还不是因为建筑在物质层面的耐久性，而是一种 " 哲匠 " 合一的、具体而微的建造工法，是它们，方才使得那些因为古已有之而存之久远的形式，变成某种观念性的东西。

中国美术学院建筑系大一的实验课程 " 砌筑基础 " 就是一门以工法为研究对象的基础课程，在学院的教学大纲里归属于建构学的教学线索。这条纵向的教学线索要求学生们从大一上学期的 " 木工基础 " 课开始，思考如何实现两根木头的完美搭接，到

一把纯榫卯结构的椅子制作完成，再从 " 砌筑基础 " 课思考如何实现两块砖头的仔细叠加，到一片砖砌墙体或一个砖砌构筑物的搭建完成，最后，通过 " 自然建造 " 的课程教学，运用非标准化工业生产的材料以及符合构造逻辑的节点设计，来完成一个1:1真实尺度房子的建造。在这条教学线索下， " 砌筑基础 " 这门课其实是要求在一个小体量构筑物范围内，使学生了解 " 砖块是如何被砌筑起来的 " 这一传统技艺，并通过思考砌筑特别是 " 砖作 " 这一工法的构造方式，来实现形式表达和空间营造的多种可能性。*fig...01*

实际上， " 砌筑基础 " 课程在这个全新打造的建筑学体系里有着至关重要的位置。如果以基本的 " 建构学 " 为参照，建造体系又可分为框架和砌筑两大类型，其中 " 木工基础 " 对应框架类型， " 砌筑基础 " 对应砌筑类型。当然，具体实施中又没有这么清晰的界限，我记得自学院建筑系成立起，最早的一次砌筑课就是王澍老师和艾未未老师一起上的，那是一个在木头框架的基座上用五千个可口可乐瓶子建造的1:1小建筑。*fig...02* 后来，以砖为材料的砌筑课程一直由陆文宇老师主持教学，我曾担任过助教，

乌有园
第三辑
观想与兴造

150

ARCADIA
VOLUME III
2018

fig...02 可口可乐瓶子搭建完成的房子。这是2002年王澍老师和艾未未老师一起带学生完成的建造课程成果

当时的课程要求是：每组学生首先在场地上实验砖块的各种搭建方式，然后找到一种合理的砌法，按组完成一段一人多高的墙体砌筑。自2014年起，该课程由我和张雯老师接手主持，我想把课程深度由"墙体"到"空间"再往前推进一步，要求不只是完成一堵砖墙的砌筑，而是一个带有空间特征的砖砌构筑物，它可能是一堵墙或几堵墙的围合，也有可能是一个单纯的空间结构，唯一的要求是，必须全都由砖块来砌筑完成，并且应该具有一定的功能性。我们在课上把七十多个学生分成六个小组，每组的建造活动都安排在位于建筑学院东侧的一块15米×30米的空地内完成。fig...03另外，对于大一年级的学生而言，过于复杂的功能性讨论显然是不太合理的，因此，我希望对于功能的讨论范围尽量限定在跟每个人身体相关的行为范畴内，并且由这个砖砌的构筑物来承载这类行为的发生，这是身体行为和空间形态之间的一种对应关系。fig...04每年这个课程讨论的结果累积起来，便有了下面这些功能和行为相关的对偶词组：

火炉（烧烤）；舞台（表演）；看台（观看）；入口（进入、通过）；亭子（停留、休憩）；吧台（售卖、存放）；高台（躺坐、登高）；门洞（穿越）；孔墙（窥视）；穹顶（冥想、打坐）；廊道（交谈、围坐）；乒乓桌（打球）；拱顶（庇护），等等。

每组学生可以选择其中感兴趣的词组进行空间营造的构想，这种构想一定是以砖的砌法为基础来展开讨论的。很多学生刚开始不明白这一点，没有理解砖这种材料有其本身的局限性，并非任何造型都能够用砖块的合理叠加来实现。那么，到底什么样的叠加方式算是合理的，是符合砖这种材料的特性和它的建造逻辑的？什么样的叠加方式又是不合理的，是违背砖这种材料本身属性的？这正是这门课程希望学生深入思考并通过亲手搭建来感悟的关键内容。

砖自诞生起，作为一种用土烧制而成的传统材料，耐压不耐剪的力学性能以及小块编织的组合方

fig...03 2014级学生在学院空地上的建造场景

式，使其在古代主要用于垒墙和铺地，而营造大跨度的空间结构，还是得依靠木材和条石来完成。但在汉代，随着传统墓室和窑炉建造技艺的发展，叠涩和起拱这两种砌筑方式，为砖砌体的局部悬挑和大跨度空间营造提供了诸多可能。用砖起拱需要预先制作支撑拱架的模板，而这也属于建造过程的一部分，因此在我们课程里，对于想做砖拱结构的学生来说，模板的制作是必不可少的一个步骤。但模板用什么来做是可以讨论的，它的作用只是一个临时的支撑物，习常的经验告诉我们用木材比较容易加工，然而这并非唯一的方法。我曾在威尼斯双年展上看到过印度的孟买工作室（Studio Mumbai）的一个建造案例，用当地传统的砖块垒起来做教堂穹顶拱的模板 *fig...05*，这个做法也比较有意思。另外，不同类型的拱，搭建模板的难度也不尽相同，双向拱的模板难度在于木框架的弧面相交部分是一个椭圆形而非正圆形；而球体拱的模板难度在于球体覆面材料的平整度。在今年的"砌筑基础"课上，有一个搭建球体拱的小组，在实验室木工师傅的帮助下尝试了很多种覆面材料，最后选择了既能弯曲又具有一定弹性的薄竹条覆盖在球体拱的木框架上，作为外层砖砌体的"靠子"，这样基本达到了在球面上砌筑的平整度要求。*fig...06* 当时，这个小组遇到的另一个难题，是要在球体表面起拱，拱是靠在球面上的，这就要求模板也得有一定的倾斜度，普通的模板做法显然无法满足这个条件，经过数次讨论后，

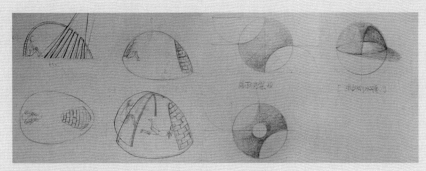

fig...04 身体与空间的图解。作者：2015级学生黄凯

fig...05 左：砖块垒起来的穹顶模板；右：完成后的穹顶

fig...06 在球面拱的木框架上斜向固定扁竹条，以形成平顺的弧面。摄于2016级学生课程建造现场

乌有园
第三辑
观想与兴造

152

ARCADIA
VOLUME III
2018

fig...07 球面上起拱的模板制作。2016级学生课程作业

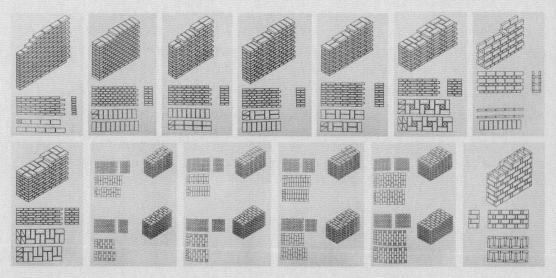

fig...08 墙体的不同砌法类型

他们设计了一个特殊的小卡扣，通过这个卡扣把三条弧形肋条插接起来，可以形成一个倾斜的面作为起拱的"靠子"，非常智慧地解决了这个问题。*fig...07*

　　砖的砌法有很多种，明代的《天工开物》里谈到了墙体的两种常用砌法：一种是用眠砖直垒而上，这是不惜工费的富人家做法；另外一种是一皮眠砖后再一皮侧砖，侧砖形成的空腔内填以土砾，这是比较节俭人家的做法。[8] 但如果细究的话，砖的实际砌法远远不止这两种，具体选择哪一种砌法，一定是和空间的形态、建造的秩序、结构的受力等都有关系。*fig...08* 关于砌法的讨论是课程中最核心的部分。首先，它是以真实的建造过程为载体，很多细节不是在建造前就能够思辨清楚的，而是需要学生们在亲手建造过程中发现问题，然后随时调整工法来解决问题，是一个动态的试错和带有批判性思考的认知过程。其次，对于材料的限定，只采用红砖是出于两点考虑：一是这个材料长期以来在砌筑领域具有普遍意义上的代表性，具有易于操作的特点；二是从工法的角度而言，对于刚接触建筑学的大一年级学生来说，可以避免过多形式语言的干扰，而聚焦于那些具体而微的建造细节；三是，即便是砖这么一种普通的材料，只要通过对砌法本身的思考和创新，也能够获得建构学意义上的诗意表达和美学上的价值体现。*fig...09*

fig...09 砖作为一种普通材料所具有的建造表达潜力。2015级学生课程作业

fig...10 用手思考。摄于2013级学生的课程建造现场

　　另外，作为一门强调动手的建造课程，我们对于砌法的讨论必然是和亲手参与的体验过程密切相关，只有用手去感受才能体会到砖块的体积和分量 fig...10，这其实是非常身体性的，就如同我跟学生们常说的，你若不亲手去触摸就永远不会知道每一块砖的表面是如此的不平整，这种不平整远远超出你们对于砖块的习常想象，使得你想要砌一堵平整的墙面都不是一件特别容易的事儿，你只有用手去劳作过、体验过，才会真正了解这个材料。

　　工法这个概念在实验教学中被提出来还有其本身的内在含义。如果我们把这个词拆分成"工"和"法"两个字，那么"工"显然可以指代为技艺、技术、工艺之类，而"法"则有更为丰富的含义，应该被理解为法度、手段之类的方法体系。由此可见，工法不是仅指单独的技艺，它远远超越单独的技艺，而成为一种有着内在逻辑性的技艺体系。在"砌筑基础"实验课程里，我们反复提到的工法是指以砖块作为编织单元进行空间搭建的一套技艺体系，这套体系不只关乎最终呈现的砌筑效果，更关乎整个体系的建构过程，这一过程包括模型制作—场地放样—浆料搅拌—砖块切割—真实砌筑，其中还包括工具的选择、模板的打样、搭建的顺序、横竖的校准以及在这一过程中有可能碰到的种种细枝末节处。fig...11 正是这些过程性的细枝末节，使得以图解

fig...11 2014级学生其中一组从模型制作到真实砌筑的完整过程

为基本方式的传统建筑教学多少显得有点儿力不从心，唯有学生自己动手参与建造，强调"用手思考"的实验教学方式，才能获得更深层次的感受和体会。这种感受和体会往往带有现场的直观性，这也是以工法为核心的实验教学的另一个特点，很多精彩的细枝末节并非出自建造开始前的预先设定，而是出自在现场对材料和工艺的深入探讨和不断的试错过程，出自现场劳作者双手的不断摆放和调整过程。其中的教学地点和建造现场彼此重合，教师、工匠和学生三者共同讨论一起工作，形成了一种互为指导的师徒关系，以求最终打破传统文化中的隐性等级秩序，建立一种"如哲人般思考，如匠人般劳作"的"哲匠"观。*fig...12*

这种"哲匠"观是和亲手参与建造的感受紧密相关的，并且希望能使这种感受进一步引发匠人对于工法层面的思考，而工法的核心内容便是本文之前提到的"我们如何建造"的问题，这不是传统建筑学在图像意义上的形态问题，而是和符合地域性特点的结构、材料相关联的一套技艺体系。简言之，是一种建造的艺术，一种带有工艺性痕迹的艺术手段，它不同于造型艺术，不仅仅是一种再现，而且带有日常生活的亲身体验，它不仅始于"两块砖头的巧妙搭接"，更在于如何使这两块巧妙搭接的砖既符合理性建造的逻辑又体现巧夺天工的手艺，并符合结构力学的原理和材料习性的特征。这一点，对于目前缺少能工巧匠的时代而言，尤为重要。

CONTEMPLATION
&
CONSTRUCTION

155

教学
Education

传统
『哲匠』
观下的
工法思辨

和
『砌筑基础』
课程
的
教学探索

fig...12 2016级学生"砌筑基础"课中和教师、工匠共同完成的作品

参考文献

[1] 方勇，译注．庄子 [M]．北京：中华书局，2015：56.

[2] 杨永生．哲匠录 [M]．北京：中国建筑工业出版社，2005：7.

[3] 王澍．造房子 [M]．长沙：湖南美术出版社，2016：83.

[4] 朱涛．"建构"的许诺与虚设——论当代中国建筑学发展中的"建构"观念 [J]．时代建筑，2002(05)：30-33.

[5] 戴维·莱瑟巴罗．戈特弗里德·森佩尔：建筑，文本，织物 [J]．史永高，译．王飞，校．时代建筑，2010(02)：125.

[6] 肯尼斯·弗兰姆普敦．建构文化研究——论19世纪和20世纪建筑中的建造诗学 [M]．王骏阳，译．北京：中国建筑工业出版社，2007：6.

[7] Renzo Piano Building Workshop．Renzo Piano Building Workshop 1964/1991: In Search of a Balance[J]. Tokyo: Process Architecture, 1992(no.700): 12-14.

[8] 宋应星．天工开物 [M]．邹其昌，整理．北京：人民出版社，2015：132.

楔 入 城 市 的 溪 谷： 一

"　楔　入　城　市　的　溪　谷　"　毕

王　欣／谢庭苇

去年秋天，我和小谢同学同游了杭州的吴山。

　　虽然我上下吴山已经不下十次了，每次上山的口我刻意地选择不同，而下山口总是会无意地不一样。吴山一直让我很迷惑，迷恋的迷惑。每次上山，仅仅一步，从城市坠入了山林。每次下山总是撞见一个我未曾见过的市井，刚才还是山风鸟鸣，忽而一下就是喧嚣的人间。

　　吴山如一个长角楔入了杭州城，山与城的关系是无法厘清的，它们几乎长在了一起。我们无法描述吴山的大小，也难以形成一个整体的形象，吴山向市井敞开了怀抱，它与杭州城发生了千百个面的交接与对话，抱指般的相互渗透，无数条山路如网络般偶发互接着这千百个面，吴山成为一种以自然作为转换方式的城市中的超级链接。

　　吴山并非一座纯粹的山，它是一座让我们体认城市的山，更是城市的另外一种存在方式。原先山上有村落，有街市，有庙堂……好像是另外一个标高上的杭州，热闹得不行。

fig...1-1 楔入杭州的吴山

CONTEMPLATION
&
CONSTRUCTION

157

教学
Education

楔入
城市的
溪谷：
一个
吴山般的
建筑

个 吴 山 般 的 建 筑

业 设 计 研 究 课 题 序 言

fig...1-2 一个展开的溪谷界面

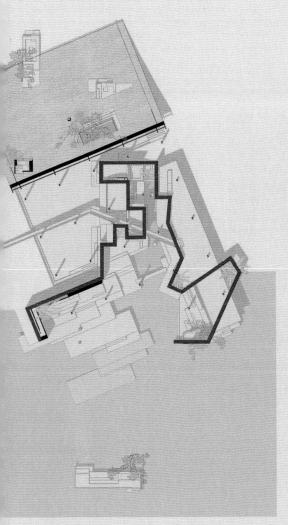

fig...2-1 楔入的溪谷，自然的图解

fig...2-2 向市井开门

吴山的楔入，让一个拥塞无序的老城变得极富游园的戏剧性，我不觉得西湖比它更加重要。它让小小的杭州兼得了：湖山一揽的视野；追念怀古的荒芜；与星辰相处的高度；推窗可掬的山风；时间迷失的夜路；人间与桃源的瞬转……而这一切就在街巷间的日常与便捷。

楔入城市的溪谷，向市井开门。

山路上，我回头跟小谢同学说：不如做一个吴山般的建筑吧。

fig...3-1 匡城市溪谷

fig...3-2 匡日月星辰

fig...3-3 匡 追忆时光

fig...3-4 匡 勾栏酒肆

fig...3-5 匡 碧波来船

fig...4-1 三面市井一面含水

fig...4-2 虚设的正面

fig...4-3 历史透来的光线

设计信息

毕业设计 研究课题	楔入城市的溪谷
设 计	谢庭苇 | 中国美术学院建筑艺术学院2012级学生
指导教师	王欣

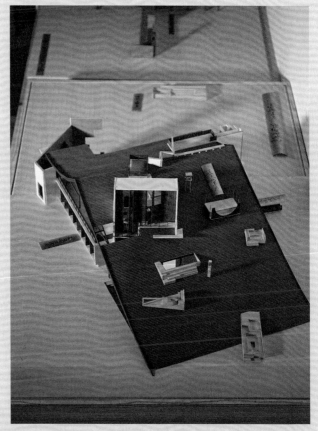

fig...4-4 废墟化的屋顶游园

fig...4-5 几种世界在屋顶下的交汇

折子戏台：《夜宴

"　角　·　折　子　戏

王　欣／孙　昱

之一

角：世界的开始

孙昱爱舞台，爱戏剧，爱三两步逃离现实的角落：一个书案，一张禅椅，一个烛台，一个鼓凳……这个角落，是在现实中思忖理想神邀古人的立锥。不是世界的边缘，而是另外一个世界的开始，更是独立于现实的自我。

一张官帽椅，带着人的姿态，带着精雅的构造，带着对人的邀请，带着依靠与安定，带着远望与沉思，带着看向，俨然是宋画团扇中观向空阔的居角望楼，它的分量顶上了一座建筑。假如不能表达世界观，没有悠远的望境，建筑做得再大也没有意义。在内部贫乏、情境缺失、难以悠思的时代，我们需要回到小，回到基本，看向角隅，那里攒着身体性的山水。

面向角，做一个小小的戏台。*fig...01-03*

图 》 的 建 筑 学 物 化

台 " 设 计 课 题 序 言

之二

角屏围：隐匿的建筑学机枢

《夜宴图》的背景设置，是传统中国长卷人物画典型的组织方式。没有天也没有地，没有一种坐标系式的环境，没有精确的距离感，大家混沌存于天地之间，飘忽的，我管它叫作梦境的方式。这是一种"回忆体"，也是一种"拼合体"。混混沌沌，不代表没

有结构。那四面巨大的屏风和高榻围子，正是场景组织的转换界面，分别形成了相背、扣角、相合的关系。它们就是结构场景的"建筑学机枢"，是物化了的册页之折合。当然，界面之间的"空院"，常常留着难以界定的模棱两可：人物归属难分左右，笛组侍女左右顾盼，坐实位置关系的家具一件没有。空院，依旧是空间的折痕。在《夜宴图》里，我们隐隐地观到了"角"，观到了"折子"。 fig...04

乌有园

第三辑

观想与兴造

166

ARCADIA
VOLUME III
2018

fig...02 角：情境的坐标

fig...03 角：场景的立锥

之三

折子：散开的传奇插画

戏台的结构似乎是一个十字。

我不愿意简单地将它看作十字，而称它为折子。
折子，即是高度凝练的片段，是经典化的幕，是传
奇的插画。折子的两侧，不要以为真是高墙，它是
时空的折合，一开一合，一折一叠，是《夜宴图》

的场幕转换。那高墙，也是情境的表达，许是内祆，
许是心情写照，许是望去天空的颜色，是不同世界
的转换界面。这个折子戏台，仿佛是一个隐匿着游
园惊梦的巨大册页。

不愿将之看作十字，也是因为这个想法的组织
并非源自十字，而是"角隅"。这是四个隅的拼合。
原则上，不一定是直角，什么角度都可以。它是一
种打开，一种截来，一个切片，一个罅窥。是我们

fig...04《夜宴图》中的建筑学机枢

CONTEMPLATION
&
CONSTRUCTION

167

教学 Education

折子
戏台：
《夜宴图》的
建筑学
物化

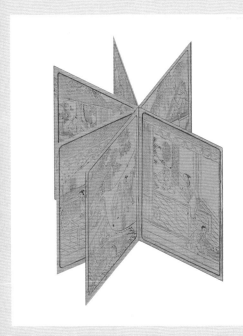

fig...05 插画拼合的幕次

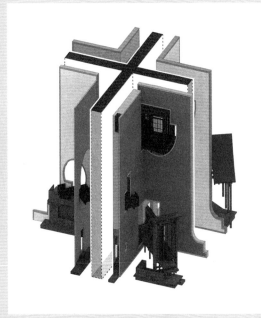

fig...06 戏台的十字结构

剥开的世界的一角，窥看书页风景的缝隙。

但又要刻意形成十字：一是对中国的章回体话本的合龙——四幕，有头有尾，可往复无尽；二是对海杜克先生和张永和先生的致敬，没有他对"建筑图解"的工作，很难有我们对传统中国建筑图解思考的开始；三是保持一种方法原型。王澍先生提出"园林作为方法"，意在警醒当代中国本土建筑的探索避免陷入风格与样式的温床。十字的刻意，是对方法本身的陈列，也是对基本形式意义的再讨论，它不是一种单一的"结果方案"，因此，它的呈现是骨感的，嶙峋的。如果直接作为一个建筑结果，也一样精彩。十年前，我提出"模山范水"的观念，本身讨论的就是一种建筑的舞台性，它与现实要刻意保持一种差别，一种陌生，一种异境感，目的就是要让我们对熟习的观想方式提出审视，对我们的身体重新体验与观看。*fig...05-06*

fig...07 四幕脚本图

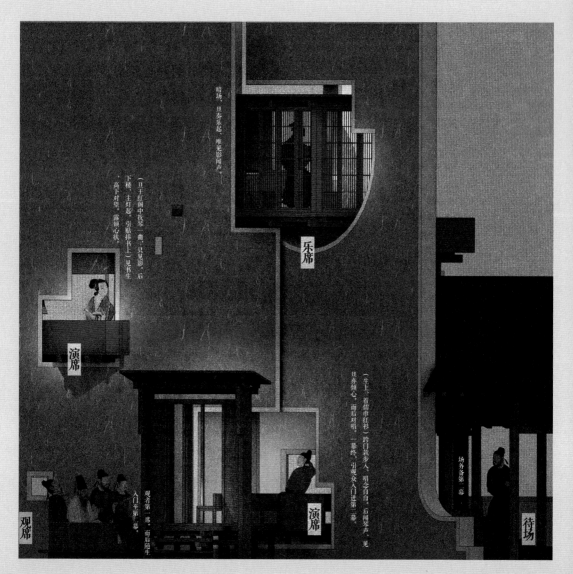

fig...08 脚本放大

CONTEMPLATION & CONSTRUCTION

169

教学
Education

折子
戏台：
《夜宴图》
的
建筑学
物
化

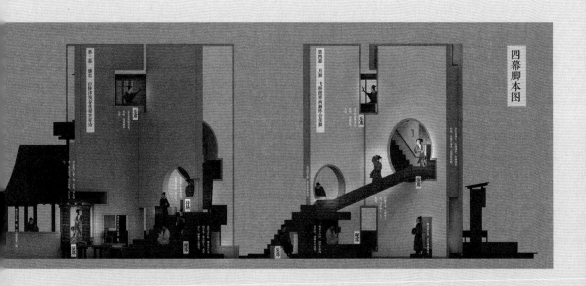

四幕脚本图

之四
———————————

《夜宴图》：携游化的观与演

《夜宴图》是一场雅集，也是一场观演。雅集式的观演，演员与观众没有绝对的分别，或者说一直在互换，台上台下在一起。方才还与同座一道看对面起舞，这会儿比肩邻座拿起笛子便吹了起来，在一臂之外，闻词带息，同坐长椅。你是观众，也似乎作为笛者的"伴座"。

在韩熙载看来，作为后台的"箫笛五女"是最好的表演者，她们参差正侧不拘姿态，而在所有人看来，韩熙载卧于高床，居高椅，击高鼓，永远是演者。而寂寥的韩熙载，看谁都是演员。

画中的观众韩熙载也在看着演者韩熙载，在角落里看到戏中的自己，有着"隔世之观"。

假如你加入这场观演，那是一种包围，你不觉自己是一个观众，而是一个被此幕忽略的戏中人，遗留在一旁。在戏中品戏，那是再好不过，没有一个鸿沟拦在前面，舞台着实不需要限定，它取决于演员的自设情境，也有赖于入戏观众的周遭营造，观众形成戏内风景，形成了演员观去的风景。

这个折子戏台，是一个高下版的《夜宴图》。

观众追戏，入戏，成为戏的一部分，观众是侍从甲，箫笛乙，龙套丙。观众是演者的氛围。下场的演员混入观众，次幕的演员窥看前幕……

没有外在的观众，就没有外部世界的侵扰，虚拟的时间真正成为共享。*fig...07-12*

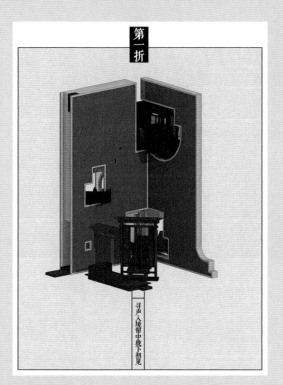

fig...09 第一幕

fig...10 第二幕

fig...11 第三幕

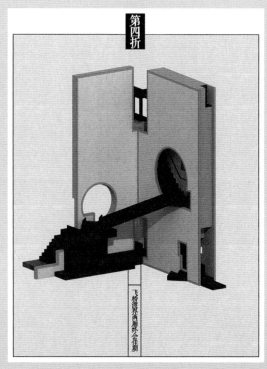

fig...12 第四幕

CONTEMPLATION
&
CONSTRUCTION

171

教学
Education

折子
戏台：
《夜宴图》的
建筑学
物化

之五

模山范水：映征于身体的如画情境

官帽椅，是一个拼合体，分作上下两个部分：下面椅座，源自高榻，高榻源自席地之地面；上面靠背，源自地面之屏风，源自衣挂，源自围凭，靠栏。官帽椅，是一个建筑的基本体，有上下，有面向，结构近似。或者说，这是建筑的起始。高床建筑，起始于席地之地。席是建筑的主位，与建筑保持着面向的一致。应人的生活要求而缩尺，逐步契合了垂足而坐的身体性，官帽椅成为人、建筑、自然三者关系中的中介物，它以一种建筑的方式极简地表达了人与自然的如画情境。

"它，带着人的姿态，带着精雅的构造，带着对人的邀请，带着依靠与安定，带着远望与沉思，带着看向，俨然是宋画团扇中观向空阔的居角望楼，它的分量顶上了一座建筑。"

我说，官帽椅是"模山范水"的。^{fig...13-15}

fig...13 南官帽椅

fig...14 官帽椅代表的看向与姿态

fig...15 楼阁居角的看向与姿态

乌有园
第三辑

观想与兴造

172

ARCADIA
VOLUME III
2018

fig...16 戏台模型

《夜宴图》中有自然，但没有自然实物；《夜宴图》中有山水，但不见真山水。

有的是人物的姿态以及相对关系，是模山范水的。有的是那些座屏、围屏、高榻、架子床、官帽椅、几案、鼓墩……以及他们的组合是模山范水的。

折子戏台，因为小，而没有脱离人的身体经验。

每一个角，是一个固定的诗意模式。

每一个空间要素，都有着意义与情境的指向。

每一个洞口，皆预示着事件的发生。

每一件器具，我们都看到了人。

一座模山范水的戏台，可以不赖于人的出现，它本身就是一部小说。*fig...16-21*

fig...17 戏台模型

fig...18 戏台模型

CONTEMPLATION
&
CONSTRUCTION

173

教学
Education

折子
戏台：《夜宴图》的
建筑学
物化

fig...19 戏台模型

fig...20 戏台模型

fig...21 戏台模型

视

野

H

OR

IZO

N

S

乌有园 第三辑
观想与兴造

解剖华山：三幅14世纪册页中的视觉冒险

吴洪德

之一

解剖华山

洪武十四年（1381）[1]初秋，吴中医者王履赴友之约，作了一次华山之旅。知天命之年的他葛衣芒鞋，策杖入山。三日两晚之中，备历艰险，踩着仅可立足的脚窝和栈道，过三关登五峰，直抵帝座，上探星原。因奇于所遇而顿悟，决意以华山为师，于艺之一道另开局面。途中所遇神秀之景，一一作图为记。与华岳作别后两年，重绘成纪游图四十幅，又有诗一百五十二首、记四篇、论两篇，合为一帙，即传世之《华山图册》（以下简称"图册"）。[2]就

fig...01 王履像

[1] 有关王履登华山的具体时间，有十四年说、十六年说、十七年说。本文从洪武十四年为说。详参：金鑫. 对王履及其《华山图册》相关问题再认识 [D]. 陕西师范大学，2012：5.

[2] 《华山图册》的单独出版物常见主要有两个版本：一个是《王履 <华山图> 画集》（天津人民美术出版社，2000年）；一个是《历代名家册页》丛书编委会所编《历代名家册页 王履》（浙江人民美术出版社，2016年）。前者有全部的图、诗、记、序、题跋的图像，排序较准确，但缺点是图像质量不高；后者较为清晰，但仅有25张没有排序的图且没有文字部分的册页。本文的册页排序是在前者的基础上，并参考了金鑫（前引书，2012）研究成果后综合考虑进行排定的。有关王履及该册的研究专书，常见有：薛永年著. 王履 [M]. 上海：上海人民美术出版社，1988.；Liscomb K L, 王履. Learning from Mount Hua : a Chinese physician's illustrated travel record and painting theory[M]. Cambridge University Press, 1993.；金鑫. 对王履及其《华山图册》相关问题再认识.

CONTEMPLATION
&
CONSTRUCTION

177

解剖华山：
二幅
14世纪
册页中的
视觉
冒险

视野
horizons

规模而言，这是一座内容宏富的记忆之迷楼，就册页本身表达的画面来看，也是一种前所未有的视觉冒险。

表面上看来，图册是传统绘画"陈述体制"中的一种意外和裂痕。王履不仅与同时代的文人画派掉臂而行，他所喜爱的南宋马夏在明初的正统传人"浙派"也不会引为同道。也无怪乎图册绘成以来，主流绘画史往往报之以沉默的态度：他的绘画主题并不表现理想山水，相反却努力再现亲身所历华山实景；画中的人物、事件是纪实性的和探险性的，与文字记录能一一印证，而非历史经典投射的程式化表达；他的取景常是充满了内容的局部截景，时而从自然中突兀地切断出来，不是远近毕现的全景，也不是空阔恬淡的"一角半边"；他将许多剩余的"之间""缝隙"置于画面的中心，而非聚焦实有之"形"；他的位置经营目的在于表现错综复杂、难以名状的内部空间，而不刻意遵从经典的构图；比起皴法，他更看重明暗……这些新出现的对象，在同行眼里极有可能是"非形"的、"无意义"的，且在他们的笔下也"不可见"的东西。

然而在对册中三幅画面分析之后，笔者以为，这种冒险其实重新发现了具有穿透力和认知机能的眼睛的价值：它以解剖式的目光凝视/照亮华山的许多片段化的内部空间，开启了一种全新的空间深度意识。新的目光构成了对"心眼"滥用的一种矫正，追求一种"文章当使移易不动"[3]的现实感。在华山险峻而失去地面的半空中，他出人意料地绘制了一种稳定的垂直视线-水平移动线交叉的十字形（或双十字形）构图，并将主要人物的背影置于交点的附近。处于焦点的人物总是背对观者看向画面深处，仿佛在诱导着观者透过他的眼睛去观看，使"画面中的目光"与"画面上的目光"合二为一。[4]而目光并不单单是想象的视线，也包含了实在的光线，照亮了内部的空无和纵深，留下曝光的正面和散射的侧面暗部。

在王履以儒医身份开展私人的绘画之路的时候，透视法的几何原理在欧洲还没有被运用到绘画实践中，对（主要是光学的）"自然透视"（perspectiva naturalis）的视觉理解也还没有经由布鲁乃列斯基的实验而确立起来。[5]从后知后觉的当代角度来说，处于完全不同的绘画传统中的王履，其视觉冒险不可避免地终止于一种朝向再现性绘画前进的中间状态。鉴于图册有四十页图，难以一一详述，本文试取《贺师避静处》《摘木实如柚者》《龙神祠》三幅作品作一分析。

....

[3] 轶成戏作此自讯。畸叟又书。王履《华山图》画集[M]. 天津人民美术出版社，2000. 册页上文字转写均参考《赵氏铁网珊瑚》卷十六，钦定四库全书·子部八·艺术类再对照原图而成。

[4] 幽兰（YolaineEscande）. 中西"景观"之"观"的美学问题初探. (台湾) 哲学与文化，第卌九卷第十一期，2012；95-113.

[5] Samuel Y. Edgerton. The Mirror, the Window, and the Telescope: How Renaissance Perspective Changed Our Vision of the Universe. Cornell University Press, Ithaca & London, 2009: 21-29.

fig...02《贺师避静处》

fig...03《贺师避静处》画面分析

之二

由真入幻：
《贺师避静处》
的凝视与
想象

《贺师避静处》*fig...02-03*（后文简称《贺》）是图册中第二十七张，描绘的是第二日上午由西峰转南峰途中路过朝元洞歇息，并一探贺志真隐修处的情景。在《上南峰记》中，王履记录道：

……峰南面上下壁削，……窾石以入，则所谓元元洞也。……余问故于主者岳师。师曰昔贺老师营此四十年，虽凿焉而不敢碎石下坠，坠则雷动。龙潜故也。自尔且凿且运，不胜其劳。功未就，而师殁，继其徒甫就。洞外西数步，师又穴石版镍以下，达西转，则师之避静处也。沈生等跃然往观，余不敢从。倚阑待二时许，还。生曰穴之下则镍双垂，镍尽则板道也。穴道相距不知几十丈，石杙插壁以当其中。绳镍下至石杙，少息，复绳至板道，又少息，然后攀镍西行数十步，渐高，又数十步，始及避静处。回视板道则载之铜杙之上，而铜杙则插之峻壁之中。外虽有阑，木久多腐，以镍是赖掩其振摇。石杙一、铜杙十七，竟不知作时于何所置足。阑之外，下见松顶如灌，莽在杳冥中。师去此几时，其室、其爨所犹在。然非凭土，凭于块石之突崖耳。室畔石注不深，水则满。岂师借以食饮者欤？室之西则别岩也。岩类俯形，遥覆室上，上镌全真岩三大字，赤色以实之。虽知人所为，然上不可下，下不可上，其履虚而作之耶？何其神也。[6]

....

[6]《上南峰记》，出处同注释3。

CONTEMPLATION
&
CONSTRUCTION

179

视野
Horizons

解剖华山：
二幅册页中的
14世纪
视觉冒险

贺师避静处在南峰朝元洞下，其路途为华山最险处。图中主景为壁立千仞的南峰，垂直的崖壁上可见两条水平的长空栈道。右侧高处的栈道从山后转入，紧邻朝元洞外，是石板护栏构造。洞内有一人即岳道人。出洞沿栈道西行数步至巨岩凸起处，王履正手扶栏板向下俯瞰：只见岩中开有石穴（图中没表现），两条"数十丈"长的铁链穿过石穴沿山壁垂下，中间凿出一条近乎直立的小道。而沈生正在手攀铁链向下艰难地挪动。在铁链的中间，有一条插入山壁的石梁（即原文"石杙"），堪堪能够立足稍息。铁链下方连通画面低处的第二条长空栈道。栈道以木板铺在插入山体的铜梁上建成，栏杆朽烂，只有山壁上设置水平铁链作为防护。童仆张一先到，手攀铁链，躬身蹑足小心翼翼地向西前行。先行数十步，板道后半部分逐渐高起，再行数十步，即到贺师避静处。为一巨型石穴，中绘茅舍数椽，掩映在松林道中。

避静处路途艰险，王履因年老足衰未曾亲至。图画的左侧乃是根据随行沈生等人返回讲述所画，想象成分较大。右侧与实景大致相符。贺祖洞本是山壁上一小洞，前有一小坪，洞口高处赏覆一凸石，石下刻有"全真岩"三个大字。在王履的想象中，山洞与全真岩的尺度混淆了起来，并继续被放大为一个高数百丈的巨型洞天。不仅将前述实景囊括其中，又包容了一个深不见底的峡谷在内。

值得注意的是，位于画面中心的悬垂的铁链构成了前述的垂直的中心视线（面）。王履、沈生、张一三个主要人物都分布于这根垂线上。其中沈生的背影更是靠近位于视觉焦点的那根石梁。上下两条长空栈道构成了两条稳定的水平线，王履和张一分别位于和垂线的两个焦点处。画面是两个叠加的"十"字，结构十分稳定。三人的视线都朝向画面内部或平面之中：王履向下与画面平行，张一朝向山壁并微向左转动，位于视觉焦点的沈生则恰好背对着册页的观者的目光。观者的目光似乎要穿透沈生的身体，与他那因恐惧而闪烁的目光合二为一。

鉴于沈生参与了画面的整个叙事——甚至在记录中他是左侧画面叙事的唯一提供者——画面内容应该是反映了沈生的空间想象，尽管这种想象是王履通过沈生的讲述重构和再想象的。由此观者透过与沈生合一的目光，看到了沈生自己无法"看见"的空间想象——沈生必须想象自己后退、脱出画面、到达观者的位置，才能将画面中历时的观察综合成这一全景。这其中构成了一种叙事的自我指涉或空间的嵌套，一个思维的最小褶子。当然，也许不那么重要的是，观者不仅仅看到这种褶曲了的空间结构，他还能想象自己同时也看到了沈生面前被遮挡的山壁——这恰恰是画面无法直接表达、"画不出"的内容。这种叙事结构与福柯分析的马奈的几幅代表作[7]有相似之处，笔者将在文末另行阐述。需要说明的是，在中国绘画和欧洲绘画中，背对画面的主要人物形象的出现都相当晚近，在欧洲更与透视法的出现属于同一历史进程。这似乎暗示着理解背影与观看的叙事关联需要相当复杂的空间思维。

更有趣的是，由于画面左边的部分是王履通过沈生的讲述再加上空间想象而成，这部分明显地脱离了真实的情况。画面因此成了感知综合、经验外推以及想象力的杂糅。"心眼"在画面从左向右飞动的过程中，它进行推论、综合等空间重构所根据的因素，从片段化的视觉材料变成了语言材料。也就是说，从"由图到图"变成了"由言到图"。这也正是王履的身体力行所极力避免的情况："传闻不足信，托意不足凭。……世间图谋多耳听，未如吾眼真搜冥。"[8]这固然是受制于年老足衰的情况，也不得不说是对"心眼"的一种由来已久的滥用；但尽管如此，想象力还是建构了远比实景更加瑰奇雄伟的场景，和更有空间深度的画面。在没有去过现场、不了解实情的观者看来，从真实到虚构之间的过渡自然平顺，没有不协调或异样的感觉，相反制造了

[7] 参见米歇尔·福柯. 马奈的绘画 [M]. 谢强，马月译. 河南大学出版社，2017.

[8]《西峰东面莲花形》，出处同注释3.

之三

由表及里：《摘木实如柚者》与穿透性的视觉深度

一种视觉的高潮。虚构因而隔绝、覆盖了真实，[9]成为一个平行的想象现实"异托邦"。[10]

从真实到想象的震荡体现了典型的中国式身体观和宇宙观建构过程。借助山行的有限的、碎片化的身体体验和记忆来外推一个无比完整、巨大的华山，与借助望、闻、问、切来内推人体内部的运作图景，其过程、结果并无显著区别：都是从起手的真实到深远之处的想象之间平滑的过渡体，都是平行于经验显示的"异托邦"。这是一种德勒兹所谓的无主体、无内外的"内在平面"。[11]在绘画中，风景总被替换为"内在的风景"。

想象这种震荡，不能从欧洲式的"镜像"或窗户原型开始——想象界是现实界的几何对应和空间再现。也许应该从宗炳的"张绢素以远映"原型[12]展开再解读——半透明的、充满褶皱的绢素，在手的一端还保持着平整，风景如同古代彝器的浮雕纹理一样被拓印其上（不存在透视）；脱离手的一端随着气的流动自由摆动、褶曲，将远处想象中的风景搅成纯粹的变形和涌动，如同彝器破裂磨损的边缘，形象消解殆尽而铜本身的质料显现出来。换一个角度，原型也可以从王履的职业"切脉可以体仁"[13]开始，寸口处挠动脉的跳动能说明一些人体表观的现象，然而它在人体深处的震荡折返回来，则反映出上百种不同的模式，它们以一种纯粹的强度反映了精、气、血的想象的内在平面。

有一类带有"一点透视"或者"穿透"意味的构图，专门刻画了华山内景的视觉层次之丰富。乍看起来，这种构图似乎肇始于南北宋绘画传统的融合：空间的基本层次由正面山形层层退让而形成，而画面的中心不再是山体而是"之间"的缝隙。王履的个人风格在这种融合的基础上建立起来——由表及里的"内景"之观介入作用，将这个作为剩余物的"之间"提升为具有独立价值的"空间"——视觉深度不再仅仅是由前后遮蔽关系简单地规定，而是借助某种类似于一点透视的效果得以立体地呈现了。

《摘木实如柚者》*fig...04-05*（后文简称《摘》）是图册中第四张图，描绘第一日入华山峪不久后的场景，王履在《始入山至西峰记》中记录道：

……洞北绝径处，实如柚者下垂。僮以为橘，越险而撷之。蜇口略不可食，弃去。……[14]

又画上题诗曰：

十年不见洞庭实，岂意遇此岩之阴。呼童满贮曹奎袖，慰我长悬郑灼心。
道旁李在意固泄，军中梅虚功亦深。贫人买瓜只取大，从渠利只讥杨愔。[15]

在经过"镜泉"时，见到山涧的北面有一株大树结满像柚子一样沉甸甸下垂的果实。主仆以为是故乡太湖洞庭山的橘子，不免起了莼鲈之思。涉险采得一袖，不料却涩不可食。王履因而在诗中借北齐杨愔自嘲，说自己与他一样没有鉴识之明，如穷苦人买瓜一样只贪大而看不到实质。

画中前景中间描绘的是小僮张一摘树上的果子，背后的山谷是画面的视觉中心，两侧崖壁犬牙交错，重重叠叠地向远处延伸，足有八九重之多。画面左边有一条山路露出两截片段，将视线引导向中景的悬崖：王履和一个从人席地休息，另一个从人趴在崖边向下观望，也许在和张一相互喊话。整张画面远近层次丰富而分明，明暗处理得当，立体

[9] 有关绘画对风景的隔绝作用，参见刘千美. 阅读山水：文本与图像之间. [台湾]哲学与文化[J]，第卅九卷第十一期，2012：131-147.
[10] 杨凯麟. 分裂分析福柯[M]. 南京大学出版社，2011：14.
[11] 吉尔·德勒兹，姜宇辉. 资本主义与精神分裂2：千高原[M]. 上海书店出版社，2010.
[12] 俞剑华编著. 中国古代画论类编上[M]. 北京：人民美术出版社，2004：583.
[13] 黎靖德. 朱子语类[M]. 卷九十七·程子之书三. 中华书局，1994.
[14] 《始入山至西峰记》，出处同注释3。
[15] 《摘木实如柚者》画上题诗，出处同注释3。

fig...04《摘木实如柚者》

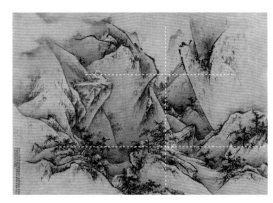

fig...05《摘木实如柚者》画面分析

感十足，从近到远的树石的空气透视处理得十分到位。倾斜山体的形式还带有马夏的痕迹。

在《贺》图中出现的十字形稳定结构在该图中也有体现。比较明显的中间的山谷，以近乎垂直的轴线自下而上引出一道视线。在画面的下方，左右两个长着大树的山坡的连线穿过中间张一摘果的位置，成为一条稳定的水平线。而张一正处于十字结构的交点处。他的身子朝向画面右边，以侧影示人，头部却朝向身体左边——即是视线方向的山谷内看去。他在本图中引导视线的作用与沈生在《贺》图中的作用相同。山谷以位于画面中上部的两个向内倾斜的山体形成的"门"作为视觉焦点，门内向下张开的构图加强了透视的效果，门外视觉焦点的上方则运用了空气透视的技巧来加强"远"的感觉。

第二条更加隐晦的水平线是从"门"穿过画面左上方休息三人的眼睛的位置，一条暗示的地平线——相当于画外观者的眼睛高度。如果仔细查看画面细节，就会发现这条线以下的景物大都采用俯视、近景的画法，而上方则采用仰视、远景的画法。树由立体转为带有空气透视的立面剪影，画面左方的云也没有轮廓——这意味着是仰视的视角。根据王履的游记中表述的态度，云的形态只有从上面、外部（即"表"）俯视才能把握，而仰瞻（自"里"反观）则不能辨识：

乌有园
第三辑
观想与兴造

182

ARCADIA
VOLUME III
2018

云适生，从玉女峰、东峰两间出，倚风作懒态，欻突然北涌似颠崖状，既而复还，渐幔于松巅不动如想。而山北所见皆漫漶不可识。意彼或仰瞻，吾固在云表也。[16]

从张一的视点（引导垂直视线作为一种叙事结构）向"王履—观者"的视点（引导水平线画面空间结构）的上移，意味着画面的叙事结构和空间结构并不完全重合。尽管空间的"一点透视"感很强，但这并不意味着固定的视点。事实上，为了充分解读这张绘画的内容并理解空间的复杂性，观者的视线要在张一和王履的两条水平线之间移动。观者分别将自己代入两个画中的人物，这说明了叙事结构的多元性。事实上在《贺》图的叙事结构中，观者亦需分别将自己带入同一条垂直视线上的三个人物，才能充分理解画面中所描绘的一段时间内的全部情节。

除画面结构之外，《摘》图还明显地运用了明暗调子，尽管有远景的云雾在内的一些例外，明暗方向整体上的一致性还是暗示着一种光照的存在。只不过这种光线不是从上向下射入，而是伴随着观者的目光，从画面外照入画面内部的：亮部总是朝向观者，在山石的侧面留下褪晕的浅浅暗部。即是说在观者的目光之中，观看和照亮是二者合一的。这与山水画传统中地面散射的光照模式（事实上是对山顶作为"有形"之物的重视，明/白是暗/墨的剩余物，而不是真正有光线的认知）颇为不同。承认王履对光线有所认识是鲁莽的，但他将"照亮"与"看见"归为一个观者的投射的想法仍十分值得玩味：心智的光芒"照亮"了"看见"的事物，而目光引导着光芒继续进入、照亮空间的更深处。这显示出观者和画面空间之间的一种非传统的、更直接和深刻的关联。

"透视""空间""光线"这类文艺复兴词汇的直接挪用是不恰当的。如前所述，中国传统的"空间"深度或感知深度的建立不依赖于自然视觉、几何、光学的合谋，它更像是一种由表及里、由在手的"近"到心智可及的"远"、由真实到想象的震荡渗透而成的过渡体。这种空间不是投射、立体的欧几里德空间或者空虚均匀的笛卡尔空间，而是包括视觉、触觉、回忆、想象在内的各种感知参与的一种褶曲的曲面。

出于实践的需要，医者总比画家更倾向于有感知深度的认知。名医扁鹊被神化为具有"透视之术"的眼睛[17]，所穿透的不仅仅是栗山茂久所说的将身体结构视为深浅的几何构造[18]，事实上它同时还穿透了十五组概念的叠加来建立起一种思维的深度：心者，生之本，神之变也，其华在面，其充在血脉，为阳中之太阳，通于夏气（与小肠相表里，开窍于舌，五情主喜，五色主赤，五声主笑，五味主苦，五气主暑，五方主南……）。[19]这些概念借助相似性关联在一起，概念链条之间生克承制机制呈现出一个充满弹性的褶皱空间。作为扁鹊的后世同行，王履的医学写作证明他批判地继承了这种目光。他革新的主张在于，尽管证、形、因之间的联系是广泛的，但不可"推衍太过"，陷入玄学的概念震荡而停不下来——从此时、此地、此人的情况出发，建立一个有限的、有针对性的认知框架是医学实践生效的前提。[20]

王履的视觉冒险就像他医学写作中那些革新性的部分，甚至比后者更直接、激进地显示了一种对于观者"可见性"的理念：观看，而非想象产生认知；空间，不管是认知的、叙事的，还是几何的、结构的，都应与相对稳定的观者有关。认知的深度取决于观看所代表的心智的光照。

[16]《上南峰记》，出处同注释3。
[17] 小野泽精一，福永光司，山井涌编. 气的思想：中国自然观与人的观念的发展 [M]. 李庆译. 上海：上海人民出版社，2007：273. 这里的"透视"指的是穿透，和绘画中的透视法意思不同。
[18] 栗山茂久，张轩辞，陈信宏. 身体的语言：古希腊医学和中医之比较 [M]. 上海书店出版社，2009：148.
[19] 天津中医学院《素问》整理研究课题组.《黄帝内经素问》校注 [J]. 六节藏象论篇第九. 天津中医药大学学报，1985, 31(3). 括号内根据以下文献补充：李浚川，萧汉明主编. 万文谟等编写. 医易会通精义 [M]. 北京：人民卫生出版社，1991：365.
[20] 王履编著. 医经溯洄集 [M]. 四气所伤论. 南京：江苏科学技术出版社，1985：6-15.

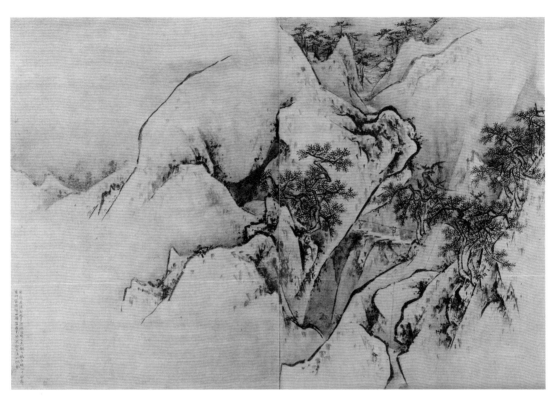

fig...06《镇岳宫》

fig...07《镇岳宫》画面分析

　　除了《摘》图外，图册中还有几幅作品体现了类似的画面结构的想法，试再举一例：

　　第十九页《镇岳宫》*fig...06-07* 描绘的地点在西峰。虽然以建筑为名，但这张图表现的重点却是通往这个建筑的路径之曲折幽深。路径依然大约在接近画面右边三分之一的地方几乎垂直地上下延伸，引导出一道指向空间深处的垂直视线。近处表现的是登上苍龙岭、又经过如今金锁关之后一带的地形。左边巨大的怪岩和右侧陡山几乎遮蔽了整个前景，仅露出窄窄的一条空隙，能让我们看到后面的情形：在两面都是悬崖、像苍龙岭一样薄薄的山脊上，人只能攀着铁索前行。过去怪岩遮挡后的部分，远处显示出一条山谷中的曲折小路，左侧是通往玉女峰的山麓，右侧逐渐升起就是西峰的峰顶了。山谷的尽头一片松林的掩映下，镇岳宫只露出一个屋顶。尽管由于登上了山峰，已不可能像《摘》图中山谷那样对地平线有所把握，《镇》图还是体现了一个类似的双十字结构：中景带有铁链的山脊形成了一

个倾斜的水平线，而远景的山顶也以平行的角度引入了一个暗示的"观者视线—地平线"。对照画面的近景和左右山体，可以发现整个画面都被这种有角度的双十字结构所控制。中景的人物，自然地以背影面对观者，位于双十字的下部交叉点上，在上部的交叉点旁，则是画中旅途的终点——镇岳宫那谦卑的屋顶。

乌有园 第三辑
观想与兴造

184

ARCADIA
VOLUME III
2018

之四

由外
及内：
《龙神祠》
与
图绘
内部空间
的愿望

最大的困难在于内部场景的再现。王履意识到华山
最瑰奇的景致往往与内部体验有关："万秀千奇不
出山，秘作深深鬼神奥"。[21]然而有两种困难阻碍
了再现内部空间的愿望。第一个困难在于，内部空
间并非是一个关于实在的"形"，而是许多形之间的
"空"，从实在论的角度看是一种想象的产物。虽然
字面上道、释家思想如老子对于"空""无"都有思
考，但历来都与结构化、几何化、可成为审美对象
的内部"空间"大异其趣。两宋之间，王履喜爱的
马夏发展了一种关于"空"的观法：从接近稳定的
视点向外观看，实体退入画面之外仅余"一角、半
边"，视线则穿过实体之间剩余的"空"的部分看向
远处——远景几乎也是空的，水汽模糊了假设中的
远处实体。*fig...08* 作为"之间"的剩余的"空"似乎

[21]《图成戏作此自庆》，出处同注释3。

fig...08（宋）马远《华灯侍宴图》，绢本 111.9cm x 53cm

fig...09《龙神祠》

CONTEMPLATION
&
CONSTRUCTION

185

解剖华山：视觉冒险
三幅14世纪册页中的视觉

视野
Horizons

可以作为视觉鉴赏的对象了，就像邵雍所谓太极的"环中"一样，无形而有质。尽管如此，直接将空作为表现的对象仍是不合常规的做法。

另一个困难在于，他所承袭的绘画传统在图绘内部空间的意识与技巧方面是缺位的。盖因包围着人的内部空间破坏了眼睛的合理视距，从而引发了激烈的视觉变形。在中国传统的自然视觉看来，与触觉的身体经验相抵触的视觉变形是一种不自然的、错误的、无以形之的东西。这是一个危险的领域。在透视法的"科学幻觉"出现之前，欧洲可以借助室内的镜子（往往是小型且呈球面的）上的倒影来描绘建筑内部的局部场景。这种操作是经验主义的，研究镜面反射的光学部分（catoptrics）还未能与绘画实践结合。[22] 对于"仰画飞檐"这样的变形处理，王

fig...10《龙神祠》画面分析

履也有类似的困惑。在绘画的再现性方面，他无疑有积极的诉求，然而他对"真"的看法，仍然是从外部进行把握，即韩琦所谓"得真之全"。[23]

因此，尽管王履在图册中的几幅页面中表达了图绘内部空间的愿望——他选取了围合的空间作为视觉焦点，并且在画面边缘直接切断，不再留白——但最终他还是只能从外部去逼近一个内凹的幻觉空间，而不能真正突破画面本身的限制。

第三十页《龙神祠》*fig...09-10* 表现的是从南峰去往东峰路上的一座祠庙。在《上南峰记》的末尾，王履如是记录：

> 既下又东行至龙神祠。祠之外小碑一，辞翰具美，有"道涣而为气，气运而为精，精变而为神，神化而为灵"等语，因爱而再诵。忽祠畔二小鸟下上峰壁，不鸣，青灰色颇类脊令，尾稍短，不知其何名。岳师曰：此鸟相与久矣，饭熟则乞食于我，食已即去。或置粟掌中，亦跃以就啄。师年八十五矣，两目俱昧。然往来祠洞两间，陟降如睹，非有道者欤？不然，安得人鸟相忘如此？[24]

画面可以分为三部分：画面左上方的龙神祠，画面右侧的东岭，以及画面近景连接两部分的小丘。龙神祠位于一小坪上，坪位于南峰山腰的三角形裂隙内部，有两崖壁交错，悬如帷幕，遮覆坪上。祠庙从崖壁的遮蔽中露出正面和一个飞檐。祠右王履立于石碑前，背对画面，正在阅读碑文。碑右岳道人坐于崖边，仰首望天，上空似有一小鸟在飞动。一条曲折的小径将视线引至画面前景，王履的从人正在走入小丘，丘上苍松密布。经过小丘走入东侧山脊，山脊下壁立如削，蜿蜒向前，伸向远处东峰的剪影。

第一部分的表现着实令人困惑。包围着它的崖壁既没有清晰的外轮廓，也没有石头与纹理，上面渲

22 Samuel Y. Edgerton（前引书，注释5）：39-43.

23 韩琦. 渊鉴类函·安阳集钞. 转引自: 俞剑华. 中国古代画论精读 [M]. 北京: 人民美术出版社, 2011: 18.

24《上南峰记》，出处同注释3。

fig...11《卧洞前石阶上》

fig...12《卧洞前石阶上》画面分析

有疏淡、透明的水平云气，似乎是被没有形态的浓雾遮蔽了。与图上右侧山岭相比，南峰崖壁显得非常抽象，像是悬挂的帷幕。相反，山坪的内部则刻画得十分逼真，朝向画面的内侧山壁的水墨渲染自然而立体。画面传达出的意象仿佛是正从南峰之内缥缈的洞天中走出，看到了外面的真实世界一般：东岭不仅山形富于立体感，连山腰的云也有了清晰的形态。

王履重绘的图册呈现出许多思考上的犹豫不决：他为约半数册页渲染了小青绿色，剩余的册页大都具有良好的光影效果。似乎渲染破坏了光影，他半途放弃了，本页也有不完全的青绿渲染；有一些画

面看起来似乎没有完成或改变了主意，还隐约留着草稿线条。这张图似乎表现出一种模棱两可的状态，似乎是未完成，又似乎是有意为之。考虑到帷幕形的山壁形态十分独特，笔者倾向于是刻意留白，压缩、取消理应存在的中景，制造出一种平面的效果，从而拉近观者与内部空间的距离。也即是说，他意识到了对于要将观者吸入其中的内部空间幻觉来说，画面本身成为一种需要取消的限制性因素，但是他显然还没找到让画面透明的绘画技法，因此只能设法缩短这个距离。

如果对比第十一页《卧洞前石阶上》fig...11-12，

fig...13《镜泉》

fig...14《镜泉》画面分析

也许能得到一些有趣的观察。两幅构图大体相似，采用了不同的手法来加强内部空间感。《卧》图画的是在青柯坪休息的场景。本图将坪地平面缩小、主峰山壁内倾来加强青柯坪的内向感。显然在本图中，由于盆地地面被缩小，周围的丘岭都向盆地边缘倾斜，呈现出一种三点透视的向心性。丘岭如城垣环绕，下临深涧，如护城河。入口前的一段山路则被裁切到画面之外，不得其门而入，更加深了空间的封闭感。

另一幅第三页《镜泉》$^{fig...13-14}$则同时采用与《龙》图相近的手法。同样采用了悬垂的、简化的外部山

体，拉近与内部空间的距离，同时使用照入画面的明确光影和细致的笔触来刻画涧、谷的内部空间，内外形成强烈对比。左侧山泉流瀑数折而下，注入涧中，复流入一狭高山洞内（据染色判断），消失在左侧石背后。循环的流水也加深了空间深度。取消周围景物的结果是，右侧既像是从外部向内观看，又像是从洞穴内部向外观看。事实上这只是一段上山必经的峡谷，在王履的笔下则成了洞水周流循环、内外莫测的洞府之意象。洞实为山体交接之处，其上云雾蒸腾，遮住了分离的部分，因而真实的空间关系未可轻易辨识。

fig...15 爱德华·马奈《阳台》

fig...16 爱德华·马奈《铁路》

之四

马奈 vs. 王履 状态：中间 作为一种 视觉冒险

奇特的是，王履朝向再现性绘画的努力，与福柯所分析的马奈（Edouard Manet）逃离再现性绘画的努力采取了某些相关的处理方式："水平-垂直"控制线的稳定画面结构、主要人物与观者的视线游戏、压缩掉近景/远景以拉近观者与画面的距离，以及观者"观看-照亮"的双重目光。

福柯将马奈视为现代绘画的奠基人，暗示他是从再现幻觉的"可见性"转向画面物质性的"可见物"的第一人。[25]换言之，马奈利用了视觉再现的技巧，但放弃了与之匹配的叙事结构，从而让画中人物的目光、观看对象脱离画面，成为不可见的。由此，对画外观者而言，绘画的幻觉特征被动摇了：画中人物的形象、行为清晰可见，仍被画框所限制，但行为的原因、效应超出了画框之外，成为不可见。幻觉空间的自我指涉消失了，观者的目光失去了焦点，开始游移在画框内外，最终幻觉解体，观者重新发现了画面的物质性存在。

从对传统陈述体制的断裂开始，对再现技巧的改造也成了应有之义。在福柯的具体分析中 *fig...15-18*，马奈同时在空间深度、构图、光影几个方面做了改造[26]：将远景布景化或隐藏在模糊的雾气中，压缩了视觉深度；构图采用明显的水平、垂直

元素，形成对画面边框方向的重复和强调，透视消失线则被压制和覆盖了；构图上则框入一些不属于主要场景的事件片段，似乎使用边缘视觉（peripheries）来消解视觉焦点。在使用镜面的时候，他故意让反射影像和被反射的对象违反光学原理，出现在不可能的位置。画面中的光影也被大大地改变了：光线的来源从幻觉空间中的某一固定光源变成了观者的眼睛，观看也就同时变成了照亮。

从两种相反的动机出发的相关技巧，使得二者的绘画以不同的面向处在可比较的中间状态：既非完全再现性的，也非完全表现性的。画框提供的"水平-垂直"控制线为画面空间提供了稳定的几何构架，从而缓解了对革新再现体制的实质性的焦虑：对王履来说，位于中心的双十字控制线能够固定观者的视点，有效地聚焦视线，同时垂线与视线的合一也能延伸画面的深度；相反，对马奈来说，从边框向内平移的控制线网格能够将视线吸引在画面的平面内，避免向深处发展。主要人物与观者的视线游戏将叙事空间和视觉空间之间的关系变成一种相对滑动的关系：对王履来说，位于视觉焦点、背离观者的主要人物允许观者透过他的视线观看，从而能够为画面视觉的实在性提供一种合理的解释，尽管画面和主要人物的这种视线关系是浮动、联想的，而叙事结构也是嵌套的；对马奈来说，既背离画面中心、又避开观者的人物视线暗示着一种影响了画面叙事但又"看

[25] 杜小真．"看"的考古学——读福柯《马奈的绘画》．注释7所引书：23-24.

[26] 注释7所引书：15-62.

CONTEMPLATION & CONSTRUCTION

189

视野
Horizons

解剖 华 三 14 册 视 冒
视觉 山 幅 世 页 觉 险
  : 纪 中
    的

fig...17 爱德华·马奈《草地上的午餐》

fig...18 爱德华·马奈《弗里-贝尔杰酒吧》

不见"的关键事件，从而将叙事空间拓展到了画面之外。在王履试图再现"内部空间"的努力中，他总试图取消相应的近景部分，拉近观者与绘画平面的关系，贴近到那个剖面的界限，制造画面即将消失的幻觉；相反马奈则往往取消最能体现透视的远景，代之以用平面布景，将幻觉空间的深度压缩，使描绘对象更逼近画面——似乎要冲破画面成为实在的物体。画中的光照似乎是二者可以达成一致的关键：观看不仅仅是"看"，也是"知"，是心智对世界的照亮。王履"观看-照亮"的目光的引入，是赋予传统的基于知觉强度的"勾皴-留白"明暗关系以"理"的一种尝试，也是提升眼睛的认知地位的一种尝试：从"心眼"中服务于主动的心的被动眼睛，到作为主动"照亮""看见"的眼睛。同样地，马奈对"正确"的光学原理的故意更改，也体现了主动的眼睛对于静态和被动的欧几里得/笛卡尔空间的一种超越。

　　这些处于中间状态的画面技巧最终体现了对画面平面的敏感性——无论是对于弯曲、无定形的中国手卷来说，还是对于隐形但是框定了视觉空间的欧洲视窗而言，反思、革新的起点总是要求画家从想象或者幻觉返回到画面平面，返回到观看、绘画的行为本身。

之五

余论

王履在《华山图册》多达四十幅的册页中，展现了出色的绘画技巧和多样的探索。除过本文讨论的三幅册页之外，其中还有许多话题与视觉的革新有关，如他在《玉女峰顶唐玄宗抛简处》《夜宿玉女峰》两页中对地面透视的表达等。限于篇幅不再赘述。

　　本文取王履的三幅作品与马奈的作品进行跨越时空语境的对话，并主要引用了福柯的工作思路。从一般中国艺术史的立场来说，或许显得颇为鲁莽。我们自然能方便地将王履的工作同欧洲中世纪、文艺复兴早期的视觉体制作一横向对照，也能将马奈的工作与后者作一纵向对照，都能得到有趣的结论。从14世纪元末明初的王履到19世纪法国的马奈，这个斜向的连线似乎非经非纬、牵强附会；然而笔者以为，王履的工作恰体现了发生在中国绘画传统陈述体制中的一个不连续之处，恰是福柯"目光考古学"另一理想的考察对象。我们无法假设如果王履的遗产得到继承，历史会不会多出一种新的线索；然而他的确给了我们一种关于越界、突变的案例。而艺术家本人所处的文化如何看待这种"不宗之宗"[27]，则体现了这种文化的性格和选择。

- - - - - - - - - - - - - - - - - - - -

[27]《重为华山图序》，出处同注释3。

乌有园
第三辑
观想与兴造

正反瞻园

吴彬的《岁华纪胜图》与明代南京园林

胡恒

fig...01（明）吴彬，《赏雪》。出自《状奇怪非人间——吴彬的绘画世界》第154页

某天，我在翻看明代画家吴彬的一本画册[1]时，一组城市风貌图——《岁华纪胜图》（以下简称《岁华图》，共12幅）吸引了我的注意。[1]这套图有些眼熟，与我之前写过一篇研究文章[2]的城市风俗画《南都繁绘图卷》（以下简称《南都图》）很是神似。我找出《南都图》仔细比较了一下，又查阅了一些资料，发现确实如此。它们都是关于明代南京一年中十二岁时场景的描绘，题材相类，内容也多有重合。但是两者画法不一样。《南都图》是窄长手卷，画工粗糙，细节只略具大概。《岁华图》为册页套图，一画一场景，透视准确，细节完善，笔法活泼精到，显是名家手笔。画中看得出来的金陵图景有栖霞寺、牛首山、七瓮桥、内外秦淮河道、通济城门、清江口阅兵，还有上元灯节的专属道具"鳌山"，它与《南都图》里的"鳌山"几乎一般无二。

fig...02（清）袁江，《瞻园图》。出自《天津博物馆藏绘画》（文物出版社，2012年）

之一

「正写」与「反写」

不过，让我在意的是，组图中有三幅与园林有关：《赏雪》《消夏》《秋千》。它们的风格与一般的园林画大有差别：不是较为常见的整体鸟瞰图（如米万钟的《勺园图》），或者以名士为主角的"雅事"图（如仇英的《园居图》），更与文徵明的《拙政园图》这类"写意抒情派"大相径庭。[2][3]三幅画都为园林局部片段的平实截取，人物众多，景致纷繁，类似现代人节日游园时站在高处用相机随手一拍所得。不仔细辨识的话，颇易混同为普通的城市公共风景。而就园林元素来说，也无什么特异之处：水面、月台、堂轩、楼阁、画舫、奇石、古木，诸如此类。尽管如此，我还是辨认出，《赏雪》图 fig...01 描绘的就是一代名园——瞻园。

明代南京名园叠出，盛景一时，但清之后逐渐湮灭，绝大部分片瓦无存。[3]唯有瞻园较为幸运，除去些许残迹之外，还有一张《瞻园图》流传于世。fig...02 这张极其精美的手卷由清初界画名家袁江所绘[4][4]，将近3米长度的尺幅将瞻园的繁丽风景尽皆收入其中。以袁江一贯的"科学"手法与瞻园在彼时的官方地位（清江南省布政司衙署所在地），这张手卷显然相当接近于现实。正因为此，它一直为该园的基础图像资料。

手卷的描绘方式很"正"，我称之为"正写瞻园"。画家的视点很高，在正南后方，左右无灭点，是标准的水平轴测图视角。园中景象由东向西展开，二水、三山、两堂等主要元素依次显现。场景宏大华美，不负王世贞的"巨丽"之称。园子以东边的水体为核心，西北面为山石，南面为月台、堂轩。环水一周的景物布置精巧用心，是画家的描绘重点。

····················

[1]《岁华纪胜图》为纸本册页，共计12幅，描绘了一年十二岁时的胜景，现藏于台北故宫博物院。
[2]园林画中的长手卷以文徵明的《东园图》、倪瓒／赵原的《狮子林图》、吴彬与米万钟的两幅《勺园图》、袁江的《瞻园图》及《东园图》为主要代表作。其中相关明代南京园林的，只有文徵明的《东园图》与袁江的《瞻园图》。册页类较多，其中以张宏的《止园图》、文徵明的两套《拙政园图册》、张复的《西林园图》为代表。

[3]明代中后期，南京园林发展迅速，数量、规模、艺术成就一度甲于江左。但留存下来的相关资料极少，文字方面只有王世贞与顾起元的两篇游记，图像方面更是一片空白。虽有文徵明的一幅《东园图》传世，但此手卷绘得很粗，面貌平淡，真伪存疑，与王、顾的游记文字没有什么能对应上的地方。在清代康熙年间，王曾绘有一幅《瞻园图》，可惜已佚失。
[4]《瞻园图》，绢本设色，纵51.5厘米、横254.5厘米，现藏于天津博物馆。袁江的生卒年不详，一般推论为是康熙至雍正年间的画家。据笔法推测，《瞻园图》应为其较早期的作品。

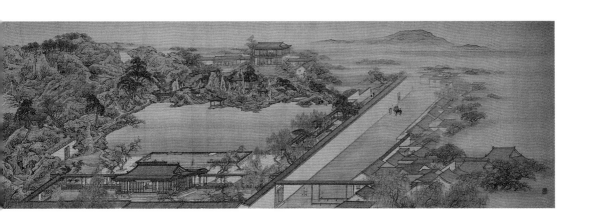

乌
有
园

第
三
辑

观
想
与
兴
造

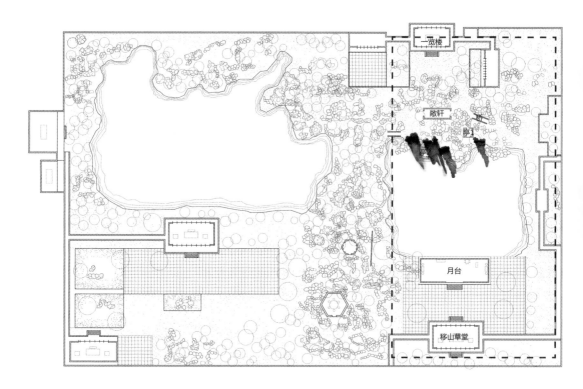

fig...03《瞻园图》平面图还原。王健绘制

这部分的中景为一方巨大的水池。南边近景为园子的主要厅堂"移山草堂"组团。堂两侧有回廊左右伸展开，堂前是一块临水月台，宽广方正，视野开敞。北面远景则是自然风景组团。一片高耸的假山石像屏障一样，前与水池相接，向后则延伸出一片山林。里面穿插布置了几座亭子、楼阁、小桥。上下曲折，极尽变化能事。近、远景两个组团一简一繁、一直一曲，对比强烈。这里，"正写"模式体现出巨大的优越性，它将这一对比关系直观地表达出来，并且为园景的重点兼难点——北侧山石——的再现留出空间。山石与建筑之间的关系（两亭一阁一楼）、山石与山石之间的关系（小道、小桥），在远景处得以细致地描绘。尤其是那面屏障般的山石与水面相交的漫长衔接线，微妙动人。其质感的对比，以及隐匿的投影关系⑤，在"正写"的宽广视角下有条不紊地展开，形成整个画卷的核心。

吴彬的《赏雪》描绘的是一个片段场景。与《瞻

园图》类似，画面也以水体垂直分界，一边为山石景观部分，一边为厅堂、月台部分。如果对《瞻园图》与《赏雪》的平面加以还原，我们可以清楚地看出，《赏雪》就在《瞻园图》前半幅的画芯部分。fig...03-04 只是吴彬的视点在北面靠后——按《瞻园图》来看的话，《赏雪》的视点位置在北面石山中的"一览楼"的二层处，是正常的人视角。也即，山石景观在中前景，厅堂月台在后景，与《瞻园图》相反。我称之为"反写瞻园"。

两幅画的细节几乎同出一辙。"移山草堂"一侧（厅堂、回廊、月台，以及月台上的两棵树）固然一致，山石一侧的相似度更加明显。《瞻园图》中北面临水的几个竖向的石峰，在一堆堆石山（"石包土"）中鹤立鸡群。在《赏雪》中，几块类似的石头占据

⑤ 假山石布置在水体的西北侧，这就意味着，在夕阳西下的时候，山石的外轮廓会在水面上投下倒影。《瞻园图》中并没有对此加以表现。

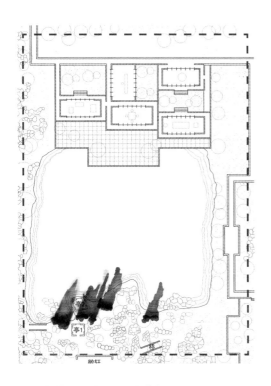

fig...04《赏雪》平面图还原。 王健绘制

着画面的中心位置。这组石矶正是我发现这两幅画之间关系的契机。一则，它们高耸的形态在园林画中较为少见：它们大约都有3~6米高，石身分布着大小不一的圆洞，应该是太湖石（现存的"仙人峰""倚云峰"接近画中的样子）。[6]二则，它们都布置在北面沿水一边。三则是石头分布的位置关系完全一致：最东边的山石是根单柱，接地处有拱跨；往西侧有两块连成一组，这是画中最主要的石头，石上模糊刻有"松""石"等字迹，应为名石；靠水池西北角的是第三组山石，大约有三块斜叠在一起。另外一个共同点是山石一侧的小亭子：《瞻园图》里有两个小亭子，一个在离水较远处，边上靠着一根石柱，另一个伸入水池，近乎湖心亭；《赏雪》里小亭子是画面的主要前景元素，亭子里有两个男人在"赏雪"，亭子边也有根高大的石柱，与《瞻园图》一样。*fig...05*

　　"反写瞻园"无意于全景。但在有限的视野里，"正写瞻园"的相关元素都有出场。唯有临水的小亭

子因视线阻隔，没有进入"反写"的画面。但是，我发现，在《赏雪》的一个稿本《月令图·赏雪》[5] [6]132-133中，这个小亭子曾隐约出现过。它几乎被石壁完全挡住，只在石缝间露出两条短短的曲线屋脊。*fig...06*或许在正稿重绘（石壁质感的精细度大大提升）时，画家顺手就把这"多余"的几根线去掉了。[7]

. . . .

[6] 吴彬一幅著名的园林画《勺园祓禊图》中，有一处出现了一丛类似的尖锐高耸的石柱组合，但是它们比较像笋石，没有太湖石那种连绵不绝的圆形孔洞。参见参考文献 [3] 第145页。

[7]《月令图》为卷本，现藏于台北故宫博物院。其内容与《岁华纪胜图》完全一样，绘制非常精美，只是在绘画风格与细节上有所区别，用笔更为写实一些。它应该是《岁华图》的一个重要稿本。

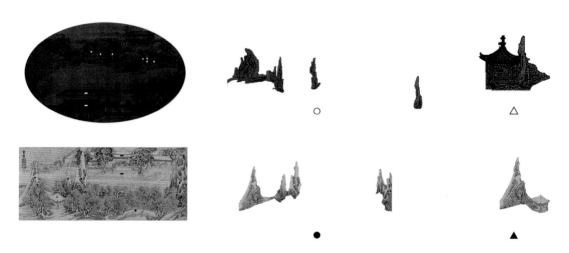

fig...05《瞻园图》与《赏雪》的相似元素（临水石壁、石柱与小亭子、小桥、月台与堂轩）比较

之二

吴彬与袁江

"正写"与"反写"一一对应，它们都是对现实场景的真切再现。尤为重要的是，画中瞻园正处于历史上最为繁盛的两个时期。这为我们一窥其盛景（园林难养易衰，盛景可遇不可求）提供了宝贵的机会。

袁江"正写"的是清代瞻园的全盛面貌。从明末到清初，南京城的空间形态基本维持不变。瞻园也是如此，仅只由私家宅院（魏国公西圃）转为官家花园——江南省布政使衙署。这是南京城里仅次于两江总督府的重要政府机构。康熙、雍正、乾隆对其青眼有加，进行大幅扩充、修缮，一时间"竹石卉木为金陵园庭之冠"[7][10]。袁江的绘画时间大约在康熙、雍正交接之时（1715—1725），他那时正在扬州等地为富商作画。或许是在寓居南京时，为衙署的官员所托来绘制这幅《瞻园图》。由于瞻园已成政府要地，长时间对景写生已不太可能。并且，从

画作的细致程度也可推断出，袁江应该拿到瞻园的某些基础图样，才能如此精确地绘制这张设计图一般的巨幅界画。需要注意的是，画中的人物寥寥无几。偌大的庭园里只有几个满族着装的仆役在打扫卫生、修剪枝叶，虽然清静整洁，但空旷沉寂，隐隐然透出一股公门的味道。人物集中在园中最高的建筑"一览楼"。一楼走廊上有几个差人随从或站或坐着聊天，二楼阁内一位官员与下属们谈论公事。他应该是园内最高职权者（某布政使）。如果这幅画是委托所作，那么他很可能就是这位委托人。

袁江的"正写"将清初瞻园的盛景和盘托出，固然可贵。不过，吴彬的"反写"更为难得。明代嘉靖、万历年间是瞻园产生与成型期，但在其图像史上却是一片空白。所以，吴彬的"反写"虽然只是局部片段，但揭显的是瞻园最本真的面目——创造者、维护者、使用者与园子呼吸与共，融为一体。

瞻园原名为"魏公西圃"（简称西圃）。嘉靖初年，南京城内造园成风。徐达七世孙太子太保徐鹏举虽然政务不精，但热爱生活与艺术，是个"造园迷"。他在1520年左右造了一个"广余百亩"的"冶城台园"。[8]大概过了10多年，徐鹏举又起造园之念，这一次比"冶城台园"更为大手笔：远赴各地征石、选材、择卉

CONTEMPLATION
&
CONSTRUCTION

195

瞻　正　视
园　反　野
　　　Horizons

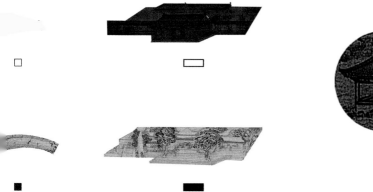

fig...06《瞻园图》与《赏雪》中的湖边小亭对比

木，凿池叠山，引流造屋，将昔日魏国公府的"织室马厩""瓦砾场"打造成一个"华整""巨丽"的私家花园，即西圃。万历中期（1580年左右），徐达九世孙魏国公徐维志再兴土木，精心雕琢，使西圃达到鼎盛状态。明代文坛领袖王世贞在万历年间游遍金陵园林后写下著名的《游金陵诸园记》（简称《诸园记》），记载了南京城内的"16名园"，魏公西圃名列第五。[5]

　　作为国公府的内院，一众家眷的安居嬉戏之所，西圃比清代布政司衙署更加门阀森严，只有主人邀请的贵人挚友才可进入。有研究者根据《岁华图》的某些部分（比如《阅操》一页）推断这套册页大概完成于1600—1605年，并且可能是受当时的魏国公徐弘基委托所作。[9]这一推论在册页中的三幅园林画上是比较合理的。其一，徐弘基是徐维志之子，也是西圃的下任主人。而寓居南京多年的吴彬大约在1600年前后才以画艺跻身城内名流，并开始出入魏府、西圃等华贵贵地。[6]28-29 [9-10]或许因此才受徐弘基所托绘制《岁华图》册页。很自然的，西圃（还有另外几家徐氏宅园）名列其中。其二，吴彬在1600年与退休返宁的大儒顾起元开始交游且相交甚笃，并与顾氏所筑的"遁园"比邻而居。与王世贞一样（20年后），顾起元在游遍金陵16园后，写下《金

陵诸园记》，对王氏的游记加以补充，其中有些应该是与吴彬结伴而游。《赏雪》一图亦有可能是两人一同受徐弘基相邀游西圃所得。无论这些推断是否确切，"反写"里的西圃空间应已成熟稳定。

　　相比之下，"正写"与"反写"虽在物质对象上差别甚微，但内里的气息完全不同。"正写"传递的是端严的公门作派，"反写"描绘的则是私密的家庭快乐、名流间的交游酬和。后者虽然场景偏小，只有"正写"的1/5，但人物有44人之多（"正写"里只有17人，并且细如蚂蚁）。"移山草堂"与两边的侧廊人头攒动，热闹非凡。这里都是女眷，太太、夫人端坐席中，小姐、丫鬟们环伺左右。大家面对湖水，吃喝谈笑，一幅大家族颐养自得的日常情境。前景有一位朱衣男子（应是魏国公徐弘基），踱步走过一座小桥，沿着一条迤逦小道往小亭子而来。亭里有两位男士，应为主人的朋友——或许就是顾起元与吴彬自己。两人倾谈赏雪，一个小童缩在柱子边，等待园主到来。一水两岸，男女主宾各取其乐，园子沉浸在满满的使用状态里。

图吴彬在1565—1610年断断续续寓居于"金陵客舍"，这恰好是南京园林的兴盛期。《岁华图》的作画时间难以确定，一般的看法是大约在1595—1612年间完成。

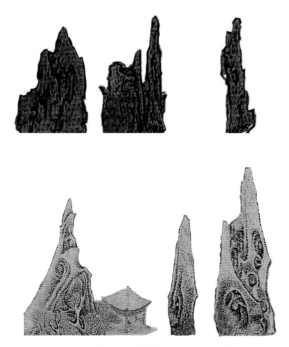

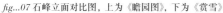

fig...07 石峰立面对比图，上为《瞻园图》，下为《赏雪》

之三

石壁中的「反写」

"反写"区别于"正写"的还有一项，那就是占据画幅焦点的数块巨石。《赏雪》中最重要的角色不是44个人，不是雪、树、堂轩、湖水，而是横亘在画幅左、右及中部（偏左），几乎顶住上下两端的三组巨大的石柱形成的石壁。这是园林画中罕见的构图，即使在同套册页中也很是怪异——《秋千》《结夏》都采用正常的界画透视法。但它来自画外的一个真实存在的视点，画家就站在亭子北侧"一览楼"的二层处，凭窗外望取景。

三组石头高度惊人（目测都在3~6米），造型优美。清人金鳌的《金陵待征录》里对瞻园名石的记录是"以石胜，有最高峰极峭拔，友松、倚云、长生、凌云、

仙人、卷石，亦名称其实"。[7]149数一数，这三组石头正好共有六块，不知是否就是《金陵待征录》里的六个"最高峰"？*fig...07*另外，它们大体呈线形一字排开，营造出强烈的"群峰"效果。园林之中，叠石成山是标配，而"叠石为峰岭"或单峰林立的成功者就较为难得。它们所产生的"非人间"的空间感，通常都会成为园子的视觉中心或兴奋点。

不过，在王氏的《诸园记》中，西圃并不以石为名。"16园"里论及石景的有八九个之多。单体造型以西园的两个"高垂三仞"的名贵古石"紫烟"和"鸡冠"为首，其次是东园的半入水中的巨大太湖石"玉玲珑"（见文徵明的《东园图》），南园的"奇石怪树"，丽宅东园的"高可比'到公石'，而不作僵嵌空，玲珑莫可名状"的名峰，徐九宅园的置于池中的"奇石"。以群峰组合效果取胜的则更多，且花样百出：有东园的"峰峦洞壑"；西园的"垒洞庭、宜州、锦州、武康杂石为山"；丽宅东园的"峰峦环列，若巫女鬟"；三锦衣北园的"奇峰峻岭，山之壮丽"（超过东、西两园）；金盘李园的"墙后复有山，山之中

CONTEMPLATION
&
CONSTRUCTION

197

瞻 正 视
园 反 野
Horizons

fig...08 吴彬《月令图·赏雪》

有池"；徐九宅园的水池三角垒奇石、中有峰峦的超大型"盆景法"。[9][5]

西圃"群峰"与以上两类都不同。它并非点景用的"名石"，供人玩赏膜拜，也非创造一个"奇峰峻岭，山之壮丽"的高潮空间区域，让人目眩感叹；它起到的是空间上的分隔作用。它们形成一面陡峭的石壁，像屏障一样将月台、水面、山石、亭阁的连贯关系截断：月台水面在一起，水后的山石、建筑另成一区。这在月台一侧看不太出来——"正写"中的这面石壁混在西北部连绵的石山里，并不突出，但是绕到石壁后方，它的"截断"功能马上体现出来。原本正、反对称开敞的视线被拦阻大半，眼前的水面、远景的月台堂轩，都被石壁屏风竖向分割，推到远方。正、反视野出现强烈落差。而到了"一览楼"的二层，眼前的风景再起一番新气象。山水之间倘佯优游，曲径通幽，转眼变成"峰峦百叠"（峰顶与视线平齐），湖水延展于群峦之后，若隐若现，气韵缥缈。

只有从吴彬的"反写"中，我们才能发现，群峰石壁是园子整体空间结构的节点、转折线。它将本

来顺畅连续的空间关系垂直切开，形成新的空间逻辑：一边为平面几何，形态单纯（大水面、广月台，直线连接）；一边是无定型曲线，形态复杂（土、石、花、树、桥、亭阁，交糅杂处）。它在正常的空间结构中制造出断裂，产生对比、对立、对峙，产生新的空间层级关系。[10]换句话说，它是整个园子的空间枢纽，是区别于其他"名园"的关键要素。在"反写"的另一版本（《月令图·赏雪》*fig...08*）中，这列石峰几乎全为白色，线条硬朗，形式抽象，对空间的竖向切割更显有力。

[9]明代南京16名园中的石峰组合模式非常多样，值得深入研究。
[10]如果将石壁抽出，那么，月台、水池、石山、树木、建筑顺次连接，就是园林中很常见的布景模式，我们在其他园子里经常会看到这类做法，比如拙政园。

fig...09 瞻园中的三个视点

之四

『补写』即『反写』

王世贞对"群峰"隔断式空间效果的无视是有原因的。万历十六、十七年（1588—1589），王世贞二度赴西圃游玩。第一次是应南京兵部尚书吴之光之邀，三月间与几位友人酒后夜游西圃，"时阴公、魏公具物故矣。酒数行……乃起，访所新治一轩而憩焉，其丽殊甚，而枕水，西南二方，峰峦百叠，如虬擢猊饮，得新月助之，顷刻变幻，势态殊绝。……余宜酒而忽忽不乐，飞数大白乃别。"[7]96 这里的"新治一轩"应该是"移山草堂"。"得新月助之，顷刻变幻，姿态殊绝"，正是湖水对面的三组群峰在月色下的水面投影及反射效果。由这段文字可知，王世贞等人是在酒意微醺后移步"移山草堂"观水月，缅怀故人，再喝了几杯闷酒后郁郁而归。时年王世贞72岁，三月间还属微寒，衣裳应较厚实。老先生不太可能在数巡酒后情绪低落之时还衣靴累累地攀登"暗黑"之山。活动范围应该就在草堂、月台附近的平整地带，离群峰尚远。

第二年九、十月间，王世贞应魏国公徐维志之邀再赴西圃小饮。"盖出中门之外，西穿二门，复得南向一门而入，有堂翼然，又复为堂，堂后复为门，而圃见。右折而上，逶迤曲折，叠蹬危峦，古木奇卉，使人足无余力，而目恒有余观。下亦有曲池幽沼，微以艰水，故不能胜石耳。……至后一堂极宏丽，前叠石为山，高可以俯群岭，顶有亭尤丽。"[7]96 这一次游园的主要目的是登山。时值夏末，衣服轻便，利于攀爬。王世贞从东边的折廊直接就绕到了"群峰"后方，到了"一览楼"前（"一堂极宏丽"），接着再爬上西北的石山，来到山顶的亭子俯瞰群岭。这次，王世贞把园子西北两面的石山都逛了一圈。路线不短，整个攀爬过程既辛苦又兴奋，心里显然一直颇为紧张（"叠蹬危峦……足无余力，而目恒有余观"）。到了终点的山顶小亭子才算放松下来，好好欣赏了一番风景。与朋友们小饮几杯后，相约明年春天再来赏花，遂兴尽而返。

两次游园，各有重点。第一次只在月台和"移山草堂"略作徘徊，第二次把第一次没到的石山部分大体补足，最后的终点是西面山顶的小亭子。所以，石峰的后侧，在前次根本没有涉足，第二次则是匆匆而过，中途是否上下一趟"一览楼"还未可知。不过，以其73岁高龄的老迈体力（次年王世贞去世）而言，他极有可能仅在楼下稍作停留，激赏一番其"宏丽"后，打起精神继续后半程的攀登"危峦"去了。说起来，王世贞的游记文字与袁江的"正写"图景却

CONTEMPLATION
&
CONSTRUCTION

199

瞻 正 视
园 反 野
Horizons

fig...10 第三视点："一览楼"。出自《天津博物馆藏绘画》（文
物出版社，2012年）

是高度吻合。两次游园路线连在一起，正好绕水池
一周，也就是《瞻园图》右半幅的全貌。两次游园
的关键视点，也是"正写"里的两个基本视角：在月
台上平视全景，在左侧山顶小亭子里俯瞰全景。[1]
而王氏（可能）的未登楼，对应的是"正写"里"一
览楼"安排在北边被遥观的边缘位置。

不妨设想一下，王世贞二游西圃，遍览园内风
景之余只差一登"一览楼"，没能感知到石峰的空间
结构断裂／重建效果。这一缺失正显出"反写"的

重要性。它不光是对一百多年后的"正写"的视角
补写，还是对同时代的《诸园记》的流线补写。并且，
"补写"不是让游园过程完满，而是让游园体验发
生突变。我们发现，在月台、山顶小亭之外，园内

....
[1] 两者最贴合的地方是山顶小亭，它被袁江设置在"正写"画
幅的正中心，描绘得极其细致。这个著名的六角亭在晚明已经
成为西圃的象征。吴敬梓在《儒林外史》中对其大加渲染，添
加上冬天赏雪时在铜铸的空心柱内燃炭取暖、不见火光但温暖
如春、亭前三丈之内雪不沾地等传奇细节。

之五

何
以
是
瞻
园
？

还存在着一个第三视点（"一览楼"二层 ^{fig...09,10}）。它刷新了各元素之间的关系，使整体空间具有某种新维度——不同于另两个视点所提供的空间体验模式。另外，"补写"还对其好友顾起元著名的西圃点评做出全新诠释。在《金陵诸园记》中，顾起元无视20年前王世贞关于各园奇石峰峦的记载（涉及9名园，20余次），只对西圃留下一笔"多石而伟丽，为诸园之冠"。这是一个影响深远且不乏误导性的点评。平心而论，王氏的《诸园记》中当得起这句评语的园子至少有六七个。[11][12]

不妨再设想一下，顾起元对西圃之石的推崇，实则是与吴彬携手"赏雪"的结果。他们都登上"一览楼"细赏风景，一同体会到西圃之石"伟丽"的真正含义——不是数量，也不是形态，而是空间枢纽作用"为诸园之冠"。或许两人事后还有心得交流。最后，一个投诸画面《赏雪》，一个付诸文章《金陵诸园记》。

王、顾两篇游记，与袁、吴的"正写""反写"汇合在一起，它们相互补充、交叉印证，明代瞻园（西圃）的面貌逐渐清晰起来。这里，"反写"的出现尤为关键，它为王氏游记填补上了一块缺漏的拼图，对顾氏的10字断语的可能歧义加以矫正，并就园子的功能（空间与人的关系）进行直观的图像讲解。在王世贞、徐维志、徐鹏举、吴尚书之外，吴彬、顾起元、徐弘基及家眷也加入其中。

最重要的是，"反写"使园子里的一组隐秘的结构浮出水面：空间枢纽（临水石壁）/第三视点（"一览楼"二层）。前者脱离了16名园通行的"大盆景法"模式，以及彼时的园林审美思维，"隐秘"地运作着整个园子的空间系统。这是一种新的空间试验。后者则为此试验附加上一则小游戏：它在园中设置了一个机关，你只有到了一个特定的地方，通过一个特定的窗口，才能观测到新空间系统运作的样子。这个地方也足够"隐秘"，我们只有在"正写"中才能确认它的位置。

在明代，这组结构几不可见。就王氏的《诸园记》与吴彬的"反写"来看，作为国公府的后花园，宴饮嬉游的主要场所在"移山草堂"、山顶六角亭（徐维志的父亲每日来此饮酒赏景，风雪无阻），以及水边的两个小亭子。"一览楼"在园中的地位很边缘，二层的存在感就更为稀薄。相关信息一片空白——它被王世贞有意无意地略过，隐于吴彬的"反写"画框之外，顾起元就更不必说。但是到了清初，瞻园成为衙署花园，政府要地，情况发生变化。在"正写"里可以看到，"一览楼"是整个园子里使用率最高的建筑。布政使在此办公，召集下属开会。曾经的边缘角色，成了公务中心；本来隐秘的第三视点，现在只是寻常视点；而少为人知的"反写"图景，也变成日常景观。清代董伯所绘的《瞻园怡情图》，采用的就是类似的视角。[7]9

从"反写"到"正写"，从西圃到瞻园，这一结构被彻底公开化了。它那自得其乐的空间试验（游戏）被普遍体验，广为人知。或许是这个原因，导

....

[12] 顾文在对16园逐一点评中，没有一处提及王文中对9个园子描述到的石峰，只给瞻园这一句著名的概述。这一概述决定性地影响到清代各家园论对瞻园的描述。《金陵待征录》、《金陵园墅记》、几篇《瞻园记》，全部都是"以石胜"作为瞻园的特征。王、顾二文是明代关于西圃的仅存文献。如果只凭顾文的字面意思，我们会误以为明代16名园中只有西圃以石为胜。

致顾起元的"多石而伟丽"评语在清代广为流传。"以石胜"一跃成为瞻园的独有符号，屏蔽掉其他同样以石胜的诸园。或许是这个原因，它那超越时代的特质，在后世仍不断地散发出存在的意义，才使其一再被修葺、重建。正如文章开头所说的，明代南京名园遍地，成就者众，何以只有瞻园，而不是同为徐氏宅园的声望及规模都更大的东园和西园，能历经500年的风霜刀剑而残留至今？我想，这并不一定是运气使然。

参考文献

[1] 陈韵如，何传馨. 状奇怪非人间——吴彬的绘画世界 [M]. 台北：台北故宫出版社，2012：104-163.

[2] 胡恒.《南都繁会图》与《康熙南巡图》（卷十）——手卷中的南京城市空间 [J]. 建筑学报，2015(4)：24-29.

[3] 高居翰. 不朽的林泉——中国古代园林绘画 [M]. 北京：生活，读书，新知三联书店，2012.

[4] 聂崇正. 袁江袁耀 [M]. 石家庄：河北教育出版社，2003：14.

[5] 王世贞. 游金陵诸园记 // 陈从周，蒋启霆. 园综. 上海：同济大学出版社，2004：179-187.

[6] 俞宗建. 吴彬画集 [M]. 杭州：中国美术学院出版社，2015：132-133.

[7] 张蕾，袁蓉，曹志君. 南京瞻园史话 [M]. 南京：南京出版社，2008：10.

[8] 陈沂. 金陵世纪、金陵选胜、金陵览古 [M]. 南京：南京出版社，2009：70.

[9] 刘馥贤. 吴彬《岁华纪胜图》册之研究 [D]. 台湾师范大学美术系研究所，2007.

[10] 陈韵如. 时间的形状——《清院画十二月令图》研究 [J]. 故宫学术季刊，22（4）.

[11] 顾起元. 客座赘语 [M]. 南京：南京出版社，2009：138.

乌有园 第三辑 观想与兴造

空间语言

明代小说插画的

金秋野 王一同

＊本文由北京市社会科学研究基地项目『基于中国传统文化精神的建筑哲学研究』资助，项目批准号14JDZHB004。

fig...01 万历环翠堂版《元本出相西厢记》插画

艺术家的倾向是看到他要画的东西，而不是画他所看到的东西。——贡布里希[1]

蕴含在中国传统绘画中的空间构造语言，一般以"散点透视"的名称总括之，其实是相当宽泛的说法。所谓"散点透视"是与"科学透视法"相对而言，二者都在纸面上构造了现实三维空间的虚拟副本，都可以被理解与欣赏。但二者所使用的空间语言是不同的。与科学透视法背后清晰的数理关系相比，"散点透视"与其说是一种"透视"，不如说是一系列灵活而综合的空间认知经验—视觉构造法的集合，它也许并不"科学"，但不仅能够起到叙事的作用，且能传神与抒情。为了更好地理解这种空间语言，我们不妨从明代小说内附的木刻版画插图入手，进行一番考察。与其他传统图绘体裁如舆图或山水画相比，小说插画既分享类似的空间想象，又有着清晰的叙事意图和结构特征，适用于建筑学式的分析解读。明代小说版画插图的作者们完成了卷帙浩繁的文学作品图像化工作，其存留的数量和质量也令人惊叹[2]，是极好的研究素材。

　　明代与欧洲文艺复兴几乎同时[3]，两边图绘空间语言的差异因而更加耐人寻味。假如我们认同题语中贡布里希的观点，不妨将这种差异归结为空间认知上的分歧所致[4]，不同文化意识下的视觉图像因而

fig...02 王叔晖《西厢记连环画》

是社会历史性的，代表了特定知识结构下迥然不同的观想方案。如两幅《西厢记》"逾墙"场景的配图，前者为万历年间环翠堂版插画 *fig...01*，后者为 20 世纪 60 年代初王叔晖所绘的《西厢记连环画》*fig...02*。王画显然更符合今天读者的视觉心理习惯，它采用一点透视绘成，人物比例关系和湖石光影显然受到西画的影响。但是当我们审视环翠堂版的画面，会发现其内容依然清晰可读，无需任何思维转换。画中没有灭点，也无法确定消失线，作为轴测图亦难言准确，换句话说，它并不"科学"，但对情节的交代却更加忠实。[1]在这幅 350 年前的插画面前，我们不禁要问，这种几乎已经被遗忘的空间语言，对表意而言到底有什么好处呢？

[1] 贡布里希. 艺术与错觉——图画再现的心理学研究 [M]. 杨成凯，李本正，范景中译. 南宁：广西美术出版社，2012：73.
[2] 本文所采用的明代小说插画素材，主要来自《中国古代小说版画集成》《明清刊 < 西厢记 > 版画考析》《中国古版画》《中国版画史图录》等，另有《古本小说版画图录》《古本戏曲版画图录》作为参考。
[3] 明代从 1368 年至 1644 年。郑振铎把明代小说插画界定为明初、嘉隆年间、万历年间、明清之际，而万历年间是小说插画的成熟期，万历至崇祯年间，小说插画题材广泛，刊印精致，空间表现达到了较高水平，本文主要讨论对象为这个时期。文艺复兴（14—17 世纪）与中国明朝年代相近，文艺复兴对西方艺术影响深远，一些美学传统直接影响了现在的空间表达。
[4] 贡布里希所著《图像与眼睛——图画再现心理学的再研究》《艺术与错觉——图像再现的心理学研究》等著作中对图画的空间表达做出了比较详尽的研究，《艺术与错觉》第二章《真实与定型》中涉及文化背景对于空间表达的影响。
[5] 图1交代了两个院子的情形，甚至画面的右下方有一扇闭锁的门，这对于张珙翻墙入院做出了一定解释。而图2中这样的表达则变得困难，其中莺莺位于画面相对居中的位置上，距离院墙较近，这与原文张珙入院先遇到红娘的情形不符，这可以归结为构图上的考虑，如果将莺莺置于边角，并不足以表达主角的重要地位。相对而言，图1对故事的还原更为诚实。

选择 视点 独特的

我们会发现，这些来自明代的插画作品无一例外地使用了俯瞰视角。很显然，这种角度有助于对环境中的景物与事件进行全局式概览，却并不利于表达室内场景中发生的种种情节。如《二刻拍案惊奇》中的这幅插画 *fig...03*，与拉斐尔的《雅典学院》*fig...04* 相比，它也力去刻画一个人群聚集的室内大空间，可依然只能呈现内部的一角。仔细分析可知，这幅画采用了全局鸟瞰视点和大殿室内较低的局部视点的结合，甚至给二层楼座单独设了另一个局部视点，这样，当观察者望向画面的不同部分，他就好像一会儿凌云纵览，一会儿俯身下察，从而同时得到了关于这一现场的内与外、整体与局部的各个层次的空间信息。相对而言，《雅典学院》仅呈现了单一视点之下的具象空间经验，好像瞬间完成的时空切片。

fig...03 崇祯尚友堂本《二刻拍案惊奇》卷五"襄敏公元宵失子，十三郎五岁朝天"插画

fig...04 拉斐尔《雅典学院》，1509 年

视点是画家描绘和构思图画空间的出发点，也是观赏者观看图画的基准点，观者与画中之境通过这个逻辑上的位置建立了具体联系。[6]如唐寅的《王蜀宫妓图》，只将视点略微上移，就让围成一组的四位宫妓的面部不至互相遮挡，而将更多的信息传递给观者。在文艺复兴绘画中，视点是固定的，可以通过几何关系推理得出。这也就确定了唯一的观看角度，绘画正是从这个角度生成的视觉影像。与此相对，在晚明小说插画中，理论上并不存在确定的视点，但通过对画面中事物不同侧面的展现，可以推断出绘图者大致的观察方位，进而得知视点的大概范围。视点方位多样而游移，画师笔下假想的主体不断变换着视觉参照系，牵引观者的目光反复进出于画面内外，通过多次、多角度的观想活动获得空间经验，以动态的方式融入绘画空间。

就这样，在高视点和多视点的协同运作之下，

观者不仅从整体上把握故事发生的室内外场景，也对各个"分镜头"式的情节线索进行了代入式的解读。画面的作用不是主体瞬间视觉经验的客观"再现"，而是连续时空中情节铺陈的说明式"图解"。在晚明时代，随着这种空间语言发展成熟，画面更趋复杂精致，复线的叙事、交叠的时空和变形的元素大量出现，诸多纷纭的细节和连绵的线索需要在画面中各就其位、彼此呼应，在缺少一点透视那样普适的几何工具时，画师用来统摄画面的，是一套建立在传统空间经验之上的视觉构造法。

----

[6] "在透视中，视点跟消失点之间有着严格的对应关系，消失点的存在实际上规定了画家和观赏者眼睛所处的位置。可以说，消失点既给身体一个出场机会（必须在某个位置观看图像），同时又是对身体的抽象（把身体缩减为一只睁开的眼睛）……在这个意义上，透视也表征着主体的出现。在透视中，主体借助目光来把握世界。"邹建林. 图像观念的文化差异 [J]. 见：读书，2015 (09)：47-54.

之二

多样的 视觉 构造法

图画是三维世界在二维表面上的虚拟影像。科学透视法的意图，在于使画面上的每一根投影线都有确定的根据，从而使笔下虚拟世界尽量"客观"。如果绘画者追求的并不是"客观"而是其他目标，如复杂的叙事、饱满的情绪或崇高的秩序感，那么线条或色块即便没有什么"科学"依据，依然是充满意义的，甚至非如此不可。为了建立一套简单易读且具有高度适应性、与同时代的物质空间环境相表里的绘图方案，当时的画师们采用了一系列独特的空间语言。除基本的方位刻画之外，可以归纳为五种具体方法：并置、移位、转向、拆解、压缩。其本质目的是为了消弭空间阻隔，在单一画面中既表现大场面，又交代小细节，揭示关系、引出线索，让情节流动起来。下面逐一来介绍这五种方法。

并置法，类似于蒙太奇，是将发生在不同空间的情节绘于同一幅画面之上。例如万历本《新刻钟伯敬先生批评封神演义》第八十七回"土行孙夫妻阵亡"插画中，画面被城墙和山体分为上下两部分：上半绘土行孙被张奎斩首，下半绘邓玉婵与高兰英激战。*fig...05*对于真实世界里的人来说，这两场战斗分别发生于城墙内外，不可能同时被观察到，画师却通过提高视点、上下并置，将情节连缀起来。此处城墙作为空间划分工具，虽然在画面中只有窄窄一条，却成为叙事纽带。又如崇祯尚友堂本《二刻拍案惊奇》卷三"权学士权认远乡姑，白孺人白嫁亲生女"插画*fig...06*中的两个主要建筑，一间正房是白孺人家，其中白孺人在为女儿筹办婚事；一间厢房是当铺，权翰林差人到此借儒巾儒服。一幅画面两个情节，奇妙之处在于白孺人家的厢房居然就是当铺，这显然有悖常理。但画师变不可能为可能，通过空间上的挪移，将两个情节拼合在一起。

移位法，即将画面中的事物移动位置，让出视野，暴露情节，避免遮挡。例如崇祯尚友堂本《拍案惊奇》卷十七"同窗友认假作真，女秀才移花接木"的插画*fig...07*，房屋纵深极大，一直延伸到画面之外，而围屏床及床上人物却位于画面最前端，紧贴山墙

fig...05 万历本《新刻钟伯敬先生批评封神演义》第八十七回"土行孙夫妻阵亡"插画

fig...06 崇祯尚友堂本《二刻拍案惊奇》卷三"权学士权认远乡姑，白孺人白嫁亲生女"插画

fig...07 崇祯尚友堂本《拍案惊奇》卷十七 " 同窗友认假作真，
女秀才移花接木 " 插画

fig...08 万历本《新刻钟伯敬先生批评封神演义》第二十五回 " 苏
妲己请妖赴宴 " 插画

入口。依常理而言，床第本不该在如此显眼的位置，且孟沂与美人幽会更应避人耳目。然而作者移花接木，就是为了把人物暴露出来。又如万历本《新刻钟伯敬先生批评封神演义》第二十五回 " 苏妲己请妖赴宴 " 插画 fig...08，台基上本该沿轴向对称布置的两排桌子整体向画面右侧偏移，这显然是为了防止左侧人物受画面宽度制约而不能画出。

转向法，即将部分事物扭转方向，以避免遮挡。如崇祯尚友堂本《拍案惊奇》卷十四 " 酒谋对于郊肆恶，鬼对案杨化借尸 " 插画 fig...09，房顶以柱为轴旋转了一定角度，避免了屋面遮挡屋内情节。屋檐旋转后与图框平行，在构图上也有章可循。屋面又通过柱子与其他部分相连，逻辑上也得以成立。又如崇祯尚友堂本《二刻拍案惊奇》卷二 " 小道人一着饶天下，女棋童两局注终身 " 插画 fig...10，下方女棋童置身其中的房屋，正面与山墙面几乎平行。但从正门中看到的景物和通过山墙上圆窗看到的景物，却向完全不同的方向倾斜。单从任何一个面来

看都是合理的，但若同时读取两个方向，于逻辑上并不通顺。可见为了让女棋童更好地暴露出来，画师将山墙面扭转了一个角度，室内也因此变成了一个 " 不可能空间 "。在绘制同一栋建筑的正侧两个面向时，画师灵活采用了不同的视觉参照系。

拆解法，即是将房屋或院落的墙垣省略，或是门窗的开口人为扩大，以避免遮挡。如崇祯年间《新镌出像批评通俗演义鼓掌绝尘》第八回 " 泥塑周仓威灵传柬，情投朋友萍水相逢 " 插画 fig...11，房屋的左右墙壁与柱子被全部省略，使得室内景象一览无余。又如万历年间刊印的《紫钗记》第四十九出 " 晓窗圆梦 " 插画中 fig...12，左侧房屋墙面圆窗尺度夸张，将霍小玉、黄莺儿等人物悉数呈现出来。

压缩法，即将体量较大的事物压缩，使其与体量较小的事物并置于同一画面中。例如万历年间脉望馆校息机子《古今杂剧选》本中 " 望江亭中秋切鲙旦 " 插画 fig...13，望江亭的尺度被反常缩小，使谭记儿几乎有两层楼高，避免了人物过小而无法辨认，

fig...09 崇祯尚友堂本《拍案惊奇》卷十四 " 酒谋对于郊肆恶,
鬼对案杨化借尸 " 插画

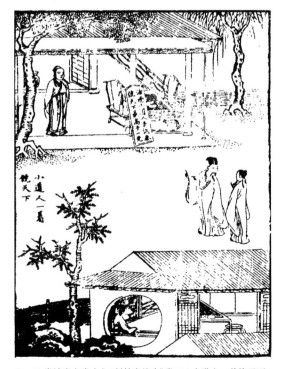

fig...10 崇祯尚友堂本《二刻拍案惊奇》卷二 " 小道人一着饶天下,
女棋童两局注终身 " 插画

fig...11 崇祯年间《新镌出像批评通俗演义鼓掌绝尘》第八回 " 泥
塑周仓威灵传柬, 情投朋友萍水相逢 " 插画

从而将望江亭和谭记儿两个尺度差异巨大的主要元
素在同一画面中交代清楚。又如万历本《封神演
义》第十一回 " 羑里城囚西伯侯 " 插画 *fig...14*，姬昌
在屋内，门外即是城墙，且被严重压缩。张彦远在
《历代名画记》中曾形容南北朝绘画重意而不重形，
而有 " 水不容泛，人大于山 " 的特点[7]，类似的绘画

----

[7]［唐］张彦远《历代名画记》" 论画山水树石 " 一节谈到：" 魏
晋已降，名迹在人间者，皆见之矣。其画山水，则群峰之势，若
钿饰犀栉，或水不容泛，或人大于山。率皆附以树石，映带其地。
列植之状，则若伸臂布指。详古人之意，专在显其所长，而不守
于俗变也。" 又，张彦远在叙论中认为：" 是时也，书画同体而未
分，象制肇创而犹略，无以传其意，故有书；无以见其形，故有画。
天地圣人之意。按字学之部，其体有六：一古文，二奇字，三篆
书，四佐书，五缪篆，六鸟书。在幡信上书端象鸟头者，则画之
流也。颜光禄云：' 图载之意有三：一曰图理，卦象是也；二曰
图识，字学是也；三曰图形，绘画是也。' 又周官教国子以六书，
其三曰象形，则画之意也。是故知书画异名而同体也。" 借颜延
之口，谈到了书、图、画同源问题。

框 逻 视 平
架 辑 觉 行

特征在1000多年后的晚明依然存在，这大概并非画工技艺不精，而是由于版画保留了早期图画的一些属性。

以上谈的是变化，是权宜因借，巧于应对，为表意服务。但变化得有限度，否则物象破碎、逻辑混乱，连图画都不是，叙事更无从谈起了。以上五种方法，如此罔顾真实、煞费苦心，目的无非是暴露情节中的"重要"之物，宁可牺牲画面的合理性也要追求表意的完善。所以，要在细节处夸张扭曲，整体又入情入理，以常识之眼观之无任何违和之处，才显出本末清楚、手段高明。移位、拆解、扭转、变形之后，还要把搞乱的画面给弥补回来，这是一项更加重要、也在插画中被普遍应用的技巧，它创造了空间场景之间或实或虚的中介物，让画面保持完整，使所谓"散点透视"在技术上成为可能。

在插画中，情节依赖人物与周遭景物来形成单元，景物（包括建筑、植物、山石、墙垣等）为情节提供边界，不同的情节—空间单元连缀起来形成画面。以下这一组空间语言，解决的就是不同情节—空间单元间的相互关系问题，我们不妨称之为"平行视觉逻辑框架"，它是插画画面得以成立的关键因素。有了它，各种变形和位移造成的风险事先得到规避，从而保证了视觉戏法的顺利进行。其核心问题，就是一组彼此平行的空间界面，及相互之间的组织方式。

在一幅构图较复杂的插画中，总有大量外形规则的景物如建筑、家具等，为画面提供彼此平行的界面。画师据此采用一组平行线来组织构图，使情节—空间单元有所依据，为画面提供支撑。这不仅合乎传统城市空间的院落格局，也保证了画面的秩序感和层次感。如万历年间的《闺范图说》中"荆信公主"插画 fig...15，画面使用了正交的平行构图，图中建筑总有一个立面沿水平方向展开，其他立面则向

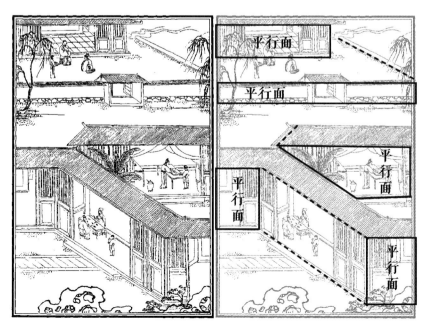

fig...15 万历年间的《闺范图说》中"荆信公主"插画

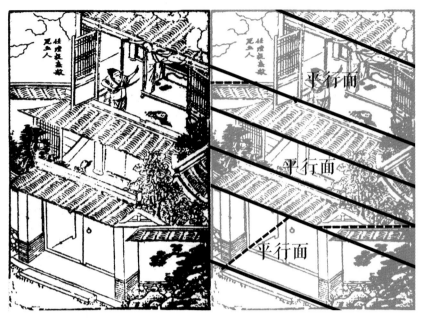

fig...16 天许斋藏版本《古今小说》卷三十八 "任孝子烈性为神"
插画

fig...17 万历年间王氏香雪居的《新校注古本西厢记》"省简" 一
折的插画

其他方向倾斜。尽管有这样的灵活，画面整体上依然保持着均衡统一，重要的关系都得到了充分的表达。在表现进深较大的院落空间时，也会出现斜向的平行构图，以便在较窄的画幅上排列一组层层递进的院落，同时避免前方建筑对后方的遮挡。如天许斋藏版本《古今小说》卷三十八 "任孝子烈性为神" 所配插画*fig...16*，就基本遵循斜向的平行构图。

在平行构图的基础上，可将两组倾斜方向不同、尺度差异巨大的情节—空间单元分隔开来，使观者不易察觉这些视觉逻辑上的冲突，分隔物可以是留白，也可以是其他景物。万历年间王氏香雪居的《新校注古本西厢记》"省简" 一折的插画*fig...17*就是一个极好的例子。画幅为两面连式，左侧画面轴测方向向左，上方游廊延伸进入右侧画面，其中张珙所在的房子进深方向则转向右侧。这两个轴测体系相交之处，被墙垣和繁茂的树木等不具有清晰的几何外形的事物隔开，避免了直接的视觉冲突。画面统一，布局合理。在明代插画中，画面左右部分的建筑分别向两侧倾斜的案例很常见，这样不仅使主要立面在画面居中位置得到完整呈现、与情节无关的侧面从图幅两边撇出，又因而使中部庭园尺度扩大，利于情节铺展。但更为简便的方法是直接留白来隔离不同情节—空间单元，如崇祯本《新刻绣像批评金瓶梅》一书 "潘金莲激孙雪娥" 章节插画*fig...18*。

事实上，两组情节—空间单元若尺度差异不大，相互平行的界面即使前后交叠，也并不会造成视觉错乱。如天启年间兼善堂版《警世通言》卷二十 "计押番金鳗产祸" 插画*fig...19*，前后方房屋轴测方向不

fig...18 崇祯本《新刻绣像批评金瓶梅》一书"潘金莲激孙雪娥"
章节插画

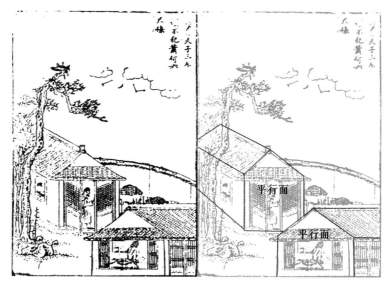

fig...19 天启年间兼善堂版《警世通言》卷二十"计押番金鳗产祸"
插画

fig...20 万历年间香雪居版《元本出相西厢记》"邀谢"一节所配
插画

之四

情节—空间单元与叙事图解

fig...21 毕加索的《鲁瓦扬的咖啡馆》

同，但可并置在一起。同理，两面连式印刷的万历年间香雪居版《元本出相西厢记》"邀谢"一节所配插画中 fig...20，张珙所住房屋与后方院落轴测方向并不相同，但正面彼此相接，整个画面毫无破绽。

平行构图法也是科学制图法如一点透视和轴测的基础。在最基本的构图框架层面，明代小说插画同样具有高度几何秩序特征，它严守着三维空间坐标系的底线，以一组彼此平行的垂直投影面展开画面，但仅此而已。在较复杂精致的插画中，画师唯一遵守的规则似乎就是平行构图法，将彼此分散的景物串联在一起，在抽象与具体、严格与随意之间维持着微妙的平衡，尽可能多地交代情节的同时，避免了视觉错乱与物形崩溃。几百年后的分析立体主义画家也曾试图寻找违反科学透视法的空间语言。如毕加索的《鲁瓦扬的咖啡馆》（Café 'Royan'） fig...21 即希望在同一画面中展现无法被同时看到的建筑侧面，近处的咖啡馆和远处的楼房因而出现了类似明代版画的轴向扭转，然而画面中的物形和空间关系遭到了不同程度的破坏，对观者的视觉心理常识构成挑战。相比之下，图10中女棋童房间的画面则巧妙地避免了这个问题。

前文已对明代小说插画"情节—空间单元"进行了初步探讨。作为图面的基本构成元素，它时而独立成章，时而成组出现，依情节复杂度和画师的功力而定。鲁道夫·阿恩海姆（Rudolf Arnheim）在《艺术与视知觉》中曾提到"公共轮廓"问题，他认为绘画中享有公共轮廓的构图单元，都存在着一种要求自我独立的倾向。[8]这有助于我们理解明代插画空间经验背后的普遍的人类视觉心理习惯，但需要追问的是，到底是什么使这些看似稚拙的画作在空间语言上别具一格，对今天的我们又有着怎样的启示？

鉴于个别的"情节—空间单元"均可独立成章，我们不妨对其进行深入剖析。以《西厢记》刻本为例，以下四幅插画分别出自晚明万历到崇祯时期不同画工之手。 fig...22-25 画中情节都是"逾墙"这一单一场景。可以看出，无论简繁，画面中总是包含类似的构图要素，如三个主要人物：张珙、莺莺和红娘；景物则包括院墙、太湖石、香案和柳树。其中，院墙作为空间的边界既交代了内外关系，也引出张珙的行为；太湖石和香案确定了莺莺和红娘的位置，提供了幽会的舞台。这些内容在四幅画中反复出现，就像一些可重复使用的文字符号：画师可以对个别要素进行修正，改变尺寸和比例，调换位置，调整方位，局部放大或缩小，扭转变形，交代更多细节或更为简略……只要基本要素仍在，画面就可以被观者一眼认出，场景本身也就如同"逾墙"二字般传达一个特定的含义，使小说情节具象化了。如果说一点透视的画面力求以第一人称视角将观者带入现场，明代插画则以第三人称视角将观者置于云端，去俯瞰一个由情节—空间单元连缀而成的图解世界，它所使用的造型语言，与其说是在描摹现实，不如说是营造了一个介于文字与图样之间的"半抽象"的符号世界。

[8]［美］阿恩海姆著. 艺术与视知觉 [M]. 滕守尧，朱疆源译. 成都：四川人民出版社，1998：298.

fig...22 万历《摘锦奇音》西厢记插画

fig...23 万历继志斋版《北西厢记》插画

fig...24 万历环翠堂版《西厢记》插画

乌有园
第三辑
观想与兴造

214

ARCADIA
VOLUME III
2018

很多策略类电子游戏提供视角的切换，以第一人称视角交代情节，以第三人称视角交代位置关系。如果游戏者希望了解主人公在虚拟世界里的位置或任务进展情况，就要切入一个高视点的轴测画面。轴测其实是"有高度的平面图"，一种说明性的图绘，或者一种图解。明代版画一贯提供类似的图解视角；但它同时又以关联并置、尺度缩放、变幻方位、画面拆解等看似漫不经心的手法取消了轴测图的理性原则，把轴测当成一种手段，而将"情节—空间单元"当成文字，进行结构谋篇。一幅精心安排的插画就是一篇文章，文字之间或留白、或交叠，并不遵循既定的语法规则和语意顺序，要在读者大脑中进行的图像—概念转换中获得意义。可以说，明代小说插画注重的是意义的传达而不是现实的刻画，在大体完整的物象世界里，松散地罗列着一个个彼此独立的情节—空间单元，图面的作用就是引导观者身临其境地漫游，它的灵活性保证了视觉戏法随叙事的需要而不断被发明出来。

我们是否可以认为，散点透视其实是一种类似于早期象形语言的"叙事图解"，它高度凝炼、言微旨远，在人的思维活动里，是一种介于文字符号和图形之间的对外在世界的"有限抽象"。它无意中遵循着特定的理性原则，如轴测制图法和平行构图关系，同时又不断突破规则而保持直面万物的生动新鲜。它只用线描，防止过度具象的形体刻画损害全局，同时又不断变换视点，将观者从云端拉入现场，随它在观念建构的世界里漫游。如果说明代版画所呈现的空间观念深植于传统智力构造的深层，那么它应该也参与了山水画、园林和其他艺术形式的语言建构，而其理性严格的一面，或许也预示着一种建立在高度抽象基础上的现代空间的语言转换，将在未来焕发生机。这也正是笔者所期待的。

fig...25 崇祯闵齐伋版《西厢记》插画

CONTEMPLATION
&
CONSTRUCTION

215

视野
Horizons

语 空 插 小 明
言 间 画 说 代
的

参考文献

[1] 董捷. 明清刊《西厢记》版画考析 [M]. 石家庄：河北美术出版社，2006.

[2] 王叔晖，绘制. 人民美术出版社，编.《西厢记》四条并年画. 北京：人民美术出版社，1980.

[3] 汉语大辞典出版社. 中国古代小说版画集成 四. 上海：汉语大词典出版社，2002.

[4] 汉语大辞典出版社. 中国古代小说版画集成 五. 上海：汉语大词典出版社，2002.

[5] 汉语大辞典出版社. 中国古代小说版画集成 六. 上海：汉语大词典出版社，2002.

[6] 刘昕. 中国古版画•人物卷. 长沙：湖南美术出版社，1998.

[7] 陈同滨. 中国古代建筑大图典 上. 北京：今日中国出版社，1996.

[8] 郑振铎. 中国版画史图录 二. 北京：中国书店，2012.

[9] 巫鸿. 重屏——中国绘画的传媒与再现. 上海：上海人民出版社，2009.

图片来源

图01，图24：《明清刊〈西厢记〉版画考析》，第45页。

图02：《〈西厢记〉四条并年画》。

图03：《中国古代小说版画集成五》，第345页。

图04：有画网：

http://www.youhuaaa.com/page/painting/show.php?id=44149

图05：《中国古代小说版画集成四》，第431页。

图06：《中国古代小说版画集成五》，第342页。

图07：《中国古代小说版画集成五》，第24页。

图08：《中国古代小说版画集成四》，第369页。

图09：《中国古代小说版画集成五》，第24页。分析图为王一同绘制。

图10：《中国古代小说版画集成五》，第339页。

图11：《中国古代小说版画集成五》，第270页。

图12：《中国古版画•人物卷》，第171页。

图13：《中国古版画•人物卷》，第2页。

图14：《中国古代小说版画集成四》，第355页。

图15：《中国古代建筑大图典上》，第663页。分析图为王一同绘制。

图16：《中国古代小说版画集成四》，第572页。

图17：《中国版画史图录二》，第38-39页。分析图为王一同绘制。

图18：《中国古代小说版画集成六》，第897页。

图19：《中国古代小说版画集成四》，第652页。分析图为王一同绘制。

图20：《明清刊〈西厢记〉版画考析》，第12页。

图21：有画网：

http://www.youhuaaa.com/page/painting/show.php?id=52335

图22：《明清刊〈西厢记〉版画考析》，第44页。

图23：《明清刊〈西厢记〉版画考析》，第25页。

图25：《重屏——中国绘画的传媒与再现》，第227页。

从缩地术到壶中天

与观玩之法 两种不同的远、近、大、小之辨

张翼　梁昊飞　郑巧雁

引言

东晋的葛洪在《神仙传》里曾讲过壶公、费长房师徒的故事：卖药的壶公悬壶于市，常纵身壶中，沉浸于另一乾坤——这也是"悬壶济世"的由来；壶公的弟子费长房则精通化远为近的缩地术：

> 房有神术，能缩地脉，千里存在，目前宛然，放之复舒如旧也。[1]

借此神术，费可在一日之内坐游多处远隔千里的胜景：

> 又尝与客坐，使至市市鲊，顷刻而还。或一日之间，人见在千里之外者数处。[2]51

这样的异闻不仅见诸《神仙传》《太平广记》一类写神志怪的奇谈，也记载于严谨的史书，如《后汉书·方术列传》中对费长房的记述都与《神仙传》如出一辙，甚至在关于仙术的细节上更加详尽。而关于壶中天的记载更是浩若烟海，宋代一首与《念奴娇》同调的词牌就称《壶中天慢》。

缩地术与壶中天，一个闲居书斋而坐拥天下林泉，一个投身咫尺而忘情于无限洞天，都寄托了中国文人对生活的浪漫构想。由此出发，我们就有机会更仔细地玩味那些对我们而言已经习以为常的远、近、大、小。

本文将"缩地术"与"壶中天"视作中国文人看待和再造世界的两种不同的空间观，并围绕这两种不同的空间结构，对绘画、器玩以及造园的远、近、大、小之辨和玩赏方法展开讨论。中国画家如何画山？案头的砚台和香炉怎么就成了山？山石盆景何异于枯山水？中国园林假山的形式动机是什么？以及，当那些宣纸上的墨迹和掌中的器玩都可以成为山时，闲散的中国文人为什么仍不肯偷安于枯山水式的沙盘经营，还要如此执着地走上那更为艰辛的叠石堆山之路？

之一

缩
地
术
：
一
览
众
山
小

1. 远近而非大小

对缩地术比较详细的描写见于《湖广通志》和《太平广记》中所记载的朱悦的轶事：

> 时里有道者朱翁悦，得缩地术。居于鄂，筑室穿池，环布果药，手种松桂，皆成十围，而未尝游于城市。[3]

除了捉弄朋友外，朱悦习得的缩地术主要用于游园。其中建筑和种植的造园行为并没有借助缩地术，朱悦运用缩地术主要是为了快速地往返于山居与市居之间——这生动地影射了中国文人于园居一事所面对的经典矛盾。计成在《园冶·相地》一篇中评述"山林地"与"城市地"时就呈现出了这样的矛盾，对"山林地"则：

> 园地为山林胜，有高有凹，有曲有深，有峻而悬，有平而坦，自成天然之趣，不烦人事之工。[4]58

对"城市地"则：

> 市井不可园也……足征市隐，犹胜巢居；能为闹处寻幽，胡舍近方图远……[4]60

从造园的角度来讲，山林地的天资当然远胜于城市地，但对于游园以及园居而言，城市的方便舒适却是文人不愿舍弃的。对此，王元美与陈眉公的讨论切中肯綮：

> 山居之迹於寂也，市居之迹於喧也，惟园居在季孟闻耳。[5]91

童寯先生也据此直接用"城市山林"来指代中国园林。[6]董豫赣先生在《山居九式》中对"城市山林"的解析非常精辟："它要将山林的自然意象，压入城市的起居生活。"[7]"城市山林"的园居理想所面对的现实，是这两种环境通常相隔甚远，诚如计成"舍近图远"一句，正道破了其中的纠结。朱悦的缩地术正是用方术怪力强行弥合了山居与市居之间的矛盾，破解的恰是关于"远近"的距离难题。

因而，古代诗歌中的缩地术常被用来描写异地间的相思、怀念之情，如白居易在《效陶潜体诗》中的：

> 与我不相见，于今三四年。我无缩地术，君非驭风仙。[8]

这句诗还引出了一个有趣的话题：如白居易枚举的，借助缩地术和驭风术都可摆脱距离之苦，相比之下，驭风的飞行术其实是更容易想见的仙术，对于山水之乐，驭风飞翔也大可一日之内游遍三山五岳，那么，为什么中国文人如此执着于看起来更费周折的缩地术呢？

这要回到"城市山林"的理想才能理解：只有缩地术可以让文人不必在市居与山居间取舍，令园居"在季孟闻耳"。明代高启在《题大痴天池石壁图》中的诗句证明了这样的态度：

> 乃知别有缩地术，坐移胜景来书帷。身骑黄鹄去来远，缟素飘落流尘缁。[9]

连驾鹄远游都显得风尘仆仆，任性的中国文人一方面寄情山水，另一方面却无论如何都不肯离开他舒适的书斋；清诗《观水兼呈巨公》中也有"安得仙人缩地术，移取溽溇置我西"[10]的妙想。在那个令胜景自己送上门来的"移"字里，散发着多么磅礴的人文气魄！

在中国文人的空间结构里，总有一个略显慵懒、但又异常强大和自信的作为中心的"我"存在着——这或许是为什么埃及法老们要依据星辰位置来决定自己的金字塔建在哪里，而秦始皇却在他的陵墓地宫里直接用水银拘来了百川江海；以及，为什么热爱自然的西方人那么喜欢远足和露营，而寄情山水的中国文人却选择倾尽移山搬海的手段折腾自己家的后院吧。

2. 写远

回到缩地术的话题，它的实质原本是干预远近而非大小，如朱悦的造园"手种松桧皆成十围"，这显然不是微缩后能得到的尺度。

但随着缩地术由浪漫的神话回到文人的现实生活，凡人自然失去了缩远为近的神通，他们力所能及的只是以艺术手段来改变大小。如郭熙父子在《林泉高致》里，就将远、近、大、小之间的转换操作辨析得淋漓尽致，最终达成"不下堂筵，坐穷泉壑"[11]632的效果——那不正是缩地术对城市山林的实现么？所以陆游在为他的石头所赋的三首《道石》诗中，也将拳石当山的微缩观玩喻为缩地术：

> 秋风衮衮雨斑斑，身隐幽窗笔砚间。小试壶公缩地术，数峰闲对道州山。[12]

而在他的另一首《道石》诗中，"此峰聊当卧游图"里的"卧游"，也与郭熙的"坐穷"异曲同工。在倪瓒的《题彭道士山水画》中，也有"定应缩地术通灵，雁荡匡庐移咫尺"[13]的说法，缩地术在艺术家手中，似乎可以确指赏石、绘画这类搬弄大小的艺术行为。

然而在原本的缩地术中，之所以只缩远近不缩大小，就是鉴于文人寄情真实山水的初衷。无论是绘画还是赏石，如果仅仅是以小摹大，就只能算是一种摹形技术从而远离了居、游的愿望；微缩的明器、人俑及各色自然题材的图案自上古有之，只用缩小的器物来象征真实山水，是背离缩地术在神话中的功能的。因此，必须要建立还原尺度感的机制。

小如何还原成大？或者说，对于真山水而言，小如何才能是合理或真实的？宗炳在《画山水序》中解释了如何在区区数尺的素绢上容纳万水千山：

> 且夫昆仑山之大，瞳子之小，迫目以寸，则其形莫睹，迥以数里，则可围于寸眸。诚由去之稍阔，则其见弥小。今张绢素以远暎，则昆、阆之形，可围于方寸之内。竖划三寸，当千仞之高；横墨数尺，体百里之迥。[11]583

《林泉高致》中也阐释了类似的道理：

> 山水大物也，人之看者须远而观之，方得见一障山川之形势气象。[11]632

空间视觉上近大远小的原理，为画家们还原尺度提供了机会：如果不能让小的变回大的，那么就让它成为远的。有趣的是，画家们用以小摹大的技艺来演绎神话中缩远成近的神通，最终还是要在远近上下功夫。正是这个从"大而小"经由"小而远"

再回到"远而大"的过程，成就了移山搬海的文人缩地术，从而令卧游可图。中国的山水画，其实画的就是个"远"字。所以郭熙的山法，被归纳为三种不同的"远"：

> 山有三远：自山下而仰山颠，谓之"高远"；自山前而窥山后，谓之"深远"；自近山而望远山，谓之"平远"。[11]639

既然是远，那么观者与山水之间的关系就必然是置身其外的了。经由缩地术而获得的观法首先是外观的，先天地疏离于"只在此山中，云深不知处"之类的内观体验。也只有以外观为前提，才能获得如"平远山水"的俯瞰视角，如清代沈道宽的《祝融峰观日出诗为杨子卿上舍作》中有：

> 顾瞻万里在几席，倚槛坐待炎宵中。俯看似有缩地术，平视远忆谈天翁。[14]

这一句，反映了俯瞰视角与缩地术间的直觉联想。"自近山而望远山谓之平远"[11]639，不同于"高远"和"深远"中借由"高下"和"前后"关系来讨论远，"平远"是直接绘制远的，开阔的俯瞰视野让画家得以在平远关系中表现一种最直观的"远"。

恰是由于只有俯瞰的视角才能让远变得直观，沈括才在《梦溪笔谈》中基于科学家的严谨而提出"以大观小"的观画前提：

> 又李成画山上亭馆及楼塔之类，皆仰画飞檐，其说以为自下望上，如人平地望屋檐间见其榱桷。此论非也。大都山水之法，盖以大观小，如人观假山耳。若同真山之法，以下望上，只合见一重山，岂可重重悉见？兼不应见其嵚谷间事。又如屋舍亦不应见其中庭及后巷中事。[11]625

在沈括的观法中，重山悉见的远景地貌不可能来自于人视点，那必然是俯瞰的——"如人观假山耳"。因此他对李成在重山悉见的俯瞰山景中植入"反掀屋檐"的仰视片段如此耿耿于怀。科学家眼中"如观假山耳"的尴尬现实，不仅拆穿了文人艺术中缩地术的机巧，也刺痛了中国文人寄情真山水的理想。但是，这倒支持了在真实空间维度中诸如砚山、

fig...01 李成《茂林远轴图》。辽宁博物馆藏

博山炉之类的山景文玩的俯瞰视角，这些笔砚间的拳石当山刚好提供了沈括的观法，也最容易让文人产生如陆游在《道石》中的缩地术幻觉。

基于如上讨论，我们有理由相信文人营造这些微缩景致的初始蓝本是远山。那么远山的山形具体是什么样呢？王维在《山水论》中谈到"远山须要低排"[11]592，李成也指出"山高峻无使倾危……原野旷荡相连，苍山依其低浅"[11]616，远山中表现的重点通常都不是山势的崔巍险峻。于是《林泉高致》用"相法"来解释李成的山形：

　　画亦有相法。李成子孙昌盛，其山脚地面皆浑厚阔大，上秀而下丰，合有后之相也。非特谓相，兼理当如此故也。[11]633

姑且将郭熙言辞的刻薄放在后面讨论，"上秀而下丰"几乎可以视作一切远山山形的基本特征。在李成的山法中，无论山的体量在画面中如何充盈逼仄，那样的山形也必须是经由远眺才能获得的。*fig...01* 米芾《研山铭》中的砚山 *fig...02*，以及我国早自汉代就有的博山炉形象 *fig...03*，其总体外形

都是基于完整的远山的。同理，贝聿铭在苏州博物馆中营造的米芾式的山景 *fig...04-05* 也是应该远观的，那样不仅浓淡相宜，山形也才成立。

然而，即便解决了山形的问题，也仍然没有完全摆脱沈括那"以大观小"的魔咒。其实那也不独是沈括的质疑，几乎所有山水画家都有过类似的焦虑，郭熙就指出：

　　盖山尽出不惟无秀拔之高，兼何异画碓嘴？水尽出不惟无盘折之远，何异画蚯蚓？[11]640

那些意图写远的山形仍然还只是一种"可能"被认为是"远"的"小"，如何才能把那些可能性兑换成实在的对远的感知呢？

3. 留白

看看平远山水画是如何写远的——如果将砚山、博山炉中的山与平远山水中的远山相比较，无论那些作为单体的山如何形似，我们都会觉得平远山水中的远才是远，这中间的差异是什么呢？是地脉。在缩地术的传说中，作为主体的仙人与作为客体的

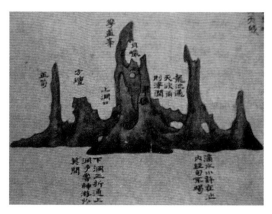

fig...02《研山铭》中的砚山图

fig...03 西汉错金博山炉。河北省博物馆藏

fig...04 米芾《春山瑞松图》。台北故宫博物院藏

fig...05 苏州博物馆山景。傅卓恒摄

山水都没有变化，被缩短的是他们之间作为距离的地脉。文学很难描述在"缩地脉"的过程中，地面构造发生了哪些变化，而在平远山水的大段留白里，关于地脉的一切就这么被模糊而又精确地交代了。留白无法度量，因而它在我们的意识里伸缩自如——那正是绘画中缩地的关键所在，就如魔术师手中那块深藏乾坤的幕布。所以，当咫尺画幅中表现千里江山时，画家并没有无休止地缩小远景的山体，缩地术的神迹，都被不动声色地埋藏在貌似无为的留白里了。*fig...06*

留白的机巧绝不止于平远山水，其实在"高远"的高下之间和"深远"的前后之间，充溢着由烟、霞、水、天等虚体所提供的作为缩地术的留白，在那之后才能获得远。*fig...07*因而王维指出"远山不得连近山，远水不得连近水"[11]596——留白必然要分断远近前后。而《林泉高致》中的要诀则堪为极致：

山欲高，尽出之则不高，烟霞锁其腰，则高矣。
水欲远，尽出之则不远，掩映断其派，则远矣。

李成在《山水诀》中对营造山高水远的手法陈述与郭熙如出一辙，都是穷尽一切可留白的机会拉开要素间的感知距离：

高山烟锁其腰，长岭云翳其脚。远水萦纡而来，还用云烟以断其派。[11]616

留白所提供的，是现实中的拳石当山无论如何都无法提供的远意。缩地术要想在绘画之外的领域成立，就必须找到留白的手段。为了追求万里之趣，朱熹挖空心思为他的山石盆景制造烟云留白：

汲清泉，渍奇石，置熏炉其后，香烟被之，江山云物，居然有万里之趣。[15]

类似地，李符的《小重山》词中也提到了"添香霭，借与玉炉烟"[16]。于是，用炉或砚来摹山就显得顺理成章了：博山炉提供了锁其腰的烟霞，这样的山或许并不写实，却切合了文人熟悉的画境；而当砚山的墨池充满时，就自然"长岭云翳其脚"了。

博山炉的烟霞可谓天成，但在现实造园中却很难实现；相比起来，砚山的山—水关系对理解现实

fig...06 倪瓒《容膝斋图》。台北故宫博物院藏

fig...07 董源《洞天山堂》图轴。台北故宫博物院藏

ARCADIA
VOLUME III
2018

fig...08 艺圃浴鸥院峭壁山。傅卓恒摄

fig...09 环秀山庄假山后的粉壁留白。
傅卓恒摄

造园的启发更加直接。比如在《园冶》所讨论的山法中，关于"立基"就有"假山之基，约大半在水中立起"[4]77的常见组合。这或许是平远关系中的远之所以直观的另一个原因：比起用烟霞层叠远近的高远和深远来，以水留白的平远山水与现实世界中的景致更加切近。所以文震亨觉得"水令人远"[17]；所以韩拙在《山水纯全集》中基于郭熙的理论提出了另一类"三远"：

> 有山根边岸水波亘望而遥，谓之阔远。有野霞暝漠，野水隔而仿佛不见者，谓之迷远。景物至绝而微茫缥缈者，谓之幽远。[11]664

无论是收束山根还是拉开间隔，韩拙的"三远"全都是借水留白的。画论中的手法，往往在证之于造园之后方能释放出更强大的创造力，譬如艺圃的布局：园中充盈的水体不仅实现了收住山根的"阔远"，大片的留白还拉开了延光阁与假山之间的"迷远"——艺圃仅在弹丸之地内凭极简的布局营造出无边远意，其妙手正在以一池水留白。《园冶》中"池

上理山，园中第一胜也。若大若小，更有妙境"[4]212一句，指明池上叠山的意图在于转换大小关系，讨论的正是砚山和韩拙三远的道理。

有了如上化小为大的手段，也就稍可摆脱"以大观小"的困局，基于缩地术的卧游似乎实现了。但是，文学描述留给现实世界的难题还远不止于此。在山水来朝的缩地术构想中，那些被缩地术断然摄来眼前的景致，是如何脱离它们原本的环境的？又是如何被插入眼前的环境的？换言之：在可视的图景中，那些被拘来的景致的边界该如何交代？

绘画中的山似乎并不面对这么尖锐的问题。那些独立有形的山体犹如巨大的石头被拔地而起的过程是可以想象的——移山原本就是中国神话中的热门题材；而在绘画中，山体总是被插入作为留白的水天一色之中。又是留白！它不仅拉开了距离，交代了地脉，还模糊了环境边界。这让"以粉壁为纸，以石为绘"[4]213的"峭壁山"fig...08变得很容易理解，除了临摹画意，恐怕这也是在现实空间中为远观的

CONTEMPLATION
&
CONSTRUCTION

223

从 缩 到 视
Horizons 术 地 野
壶 中 天

fig...10 龙源院方丈北庭枯山水。出自：重森
完途，石元泰博. 枯山水の庭 [M]. 日本：株
式会社讲谈社，1996：32.

fig...11 山河样。出自：张十庆.《作庭记》译注与研究 [M]. 天津：
天津大学出版社，2004：79.

假山交代边界的最直接手段了。不止于嵌石入墙的小景，艺圃浴鸥院以及环秀山庄戈氏假山背后高大的粉墙^{fig...09}，其实都是在以人工来营造弥漫于假山周遭的留白。

4. 框界裁剪

与山相比，水的边界更难处理，因为我们很难明确定义水体究竟算是环境中的物体还是环境本身，即便在绘画中我们也很难为水留白——通常我们反而让水成为留白。从这一点出发，以"大海样"为代表的日本枯山水的边界交代就格外值得讨论。其实枯山水或许是当我们提及缩地术时最容易联想到的例子，但基于它将地貌微缩成沙盘的手法，容易陷入缩地术望文生义的误区，同时它的微缩又缺少诸如砚山和博山炉的作为"器"的形式前提，所以我们一直回避这一重要的论据。与对有形的山、河流、湖泊的微缩不同，"大海样"所表达的无垠的大海意象，不可能通过微缩来呈现出海的完形。"大海样"

的边界恰是一个规则、生硬的矩形框界^{fig...10}，这与"山河样"中奋力用砂石要素来再现地形^{fig...11}的做法是相反的。而正是凭借着它的规则、突然以及人为的生硬，观者一望便知那是一个经过裁剪的片段，与用留白模糊边界不同，"大海样"鲜明地表达边界，以此来为边界以外那不可见的无限空间保留余味。

回过头来看看绘画中又是如何为无限的山水空间交代边界的，不正是作为裁剪的画幅框界么？那框界是两个不同维度的世界在眼前并存的逻辑保障，欲凭空营"境"，则势不可无此一"界"。至此，在留白之外，我们接触到了将文学中的缩地术呈现于可视界面的另一重要手法：框界。"大海样"的方法告诉我们，明晰的框界裁剪不只是对要素边界的交代，同时也能化小为大。从功能上，这与留白的作用别无二致。

在造园中，如画的框界也远比留白更容易图谋。李渔在《闲情偶寄》中所描述的"山水图窗"^{fig...12}的做法就是以框景直达画意，其实在这一过程中，

乌有园

第三辑

观想与兴造

224

ARCADIA
VOLUME III
2018

fig...12《闲情偶寄》里的山水图窗。出自：李渔. 闲情偶寄
[M]. 江巨荣，卢寿荣，校注. 上海：上海古籍出版社，2000：
201.

fig...13 框界内的戈氏假山。傅卓恒摄

真山与画中山的唯一区别，就仅在于有无框界。那框界如此重要，因而李渔所提出的关于图窗观法的所有要点，全都是为了保障窗作为框界的有效性：

> 凡置此窗，进步宜深，使坐客观山之地去窗稍远，则窗外之廊为画，画内之廊为山，山与画连，无分彼此，见者不问而知为天然之画矣。浅促之屋，坐在窗边，势必依窗为栏，身之大半出于窗外，但见山而不见画，则作者深心，有时埋没，非尽善之制也。[18]202

从感知意向上，在环秀山庄的有谷堂内透过隔扇框界所见的假山，其实比在半潭秋水前凭栏所见的假山全景更显宏大。*fig...13*

在框界的裁剪中，不只实现了"俗则屏之，嘉则收之"的景致取舍；更重要的是，借由图窗框界的境界转换，窗外傍宅的院子才得以成为另一个无边的大千世界，人力穿凿的假山，也才能成为缩地术移取的真山。这是为什么在表现文人园居生活的绘画场景中，自带框界的画屏*fig...14*总是不可或缺的要素，画屏中的内容总与庭园景致相关，但更加理想化。在神奇的框界内外，现实与理想，可居与可望，不同维度的世界得以并置和两全。

5. 人

绘画、造园以及炉、砚等器玩的操作和观法，充溢着由缩地术理想策动的远、近、大、小之辨。但在"一峰则太华千寻，一勺则江湖万里"[17]的景致移取中，景致中的人（并非作为卧游主体的那个人）该如何参与到化小为大的操作中呢？在文学中仍然不必较真；绘画由于其在二维平面中直接写远的特性，也可以将人物与山水一道微缩进"丈山尺树，寸马豆人"[11]600的近大远小之中；此事惟于三维的实景之中最难处理。

所以日本的"大海样"里是不可能有人的。从视点和营造特点上，中国的山石盆景都与"大海样"非常相似，但盆中的造景要素却与枯山水有天壤之别：北宋的梅尧臣在他的盆池中种植莲花和菖蒲，

之二

壶中天：
只在
此山中

1. 大小

《神仙传·壶公》里是这样描述壶公与他的壶中天地的：

> 常悬一空壶于坐上，日入之后，公辄转足跳入壶中，人莫知所在……既入之后，不复见壶，但见楼观五色，重门阁道，见公左右侍者数十人。[2]49

与缩地术力求保留大小关系、仅缩放远近的特点完全相反，壶中之事是直接将人变小并投入另一境界。显然，那些暗示着人在其中的带有花木池鱼的山石盆景并不是缩地术之地，而应是壶公之壶。宋代王之道为盆景所赋的《盆池》一首中就有"大哉壶中天，勿与俗子言"[20]的诗句；苏轼也将一方他曾欲以百金购入收藏的奇石称作"壶中九华"。日本人托名黄庭坚所作的《盆山十德》中有"入山林成主，一石求远近"[21]一句，"入"字用得很贴切。

中国的神话从不比较巨人与矮人在力量上的优劣，仙人和方士们的神通总是体现在自如的大小变化上，能制服大小自如的孙悟空的，永远是大小更加自如的如来的手掌；中国的艺术家和哲人也对度量宇宙缺乏兴趣，他们总是穿梭并沉迷于诸如"须弥芥子""鲸游汗漫"之类的比神话情节更加极致的尺度缩放之中。

在现实世界里，文人总难尽骋山水之怀，比起移山搬海的缩地术来，壶中天的技巧看起来更加简便易行：如果作为主体的人能缩小，那么不也就真的实现拳石当山了么？所以在山水情怀面前，文人当然不肯把自己放大，他们挖空心思地想把自己缩小，并发展出了一套异常精致的观玩技术。如明代刻书大家闵齐伋为《西厢记》所刻的版图 fig...15，就有意将故事画面缩入瓷瓶、玉环、扇面、铜镜等微物之内供读者玩赏，尺度上与文人案头的文玩相应和，别开壶天之境。

沈复正是个中高手，他"见藐小微物，必细察其纹理，故时有物外之趣"[22]33，于是素帐喷烟，蚊子竟成了冲云之鹤，而对景致的观法则更有意趣：

并养小鱼数十头；苏东坡的诗句"盆山不见日，草木自苍然"[19]中则提到了对盆山而言算得上遮天蔽日的树。从观法上，尽管盆景的边界被景盆框界所裁剪，但由于其中作为尺度参照的植物（甚或动物）的存在——无论是否放置微缩的人偶，它都昭示了人的存在——让山石盆景几乎无法构造如博山炉或砚山式的远景。因此，山石盆景必然是近景的，从而也就不得不重新面对沈括的"以大观小"的观法批判。

对此，壶公的故事将向我们展示另一类与缩地术截然不同的观玩之法。

fig...15 闵齐伋《西厢记》版画，闵齐伋《西厢记》版画（彩色套印本），德国科隆东亚艺术博物馆藏

于土墙凹凸处、花台小草丛杂处，常蹲其身，使与台齐，定神细视，以丛草为林，以虫蚁为兽，以土砾凸者为丘，凹者为壑，神游其中，怡然自得。[22]33

"座里风云迥客傲，壶中天地纵神游"[23]，沈复这种小中见大的"神游"，正是山石盆景的观法，这也是文人在现实世界中投身壶中的法门。

2. 移居神游

回到"城市山林"的理想上来。与缩地术强行拼合可居的书斋与可望的山水不同，壶中的山水与人并不是对立的。或者说：在缩地术中，是诸如写远、留白与框界裁剪的外力手段在变通远近大小；而在壶中天的空间变换中，大小转换的中介是作为体验者的人——没有人，壶中的世界就仅仅是雕虫小技，没有人，壶中天的理想就无从成立。

因此，壶中的山水必然是可居的。这是为什么"大海样"的沙盘中绝不能有人，而山石盆景所营造的环境中，必须要暗示那是一个舒适的为人提供的居所，从而诱惑观者缩身并神游其间，所以高濂在《高子盆景说》中对松石配置的论述，全部基于人在其中的假定：

安放得体，时对独本者，若坐冈陵之巅，与孤松盘桓；对双本者，似入松林深处，

令人六月忘暑。[24]

《林泉高致》中提出的高下评判是"可行可望，不如可居可游之为得"[11]632，因此沈复在微景中的神游，就总是抱着"若将移居者然"的雅趣：

用宜兴窑长方盆叠起一峰，偏于左而凸于右，背作横方纹，如云林石法……至深秋，茑萝蔓延满山，如藤萝之悬石壁，花开正红色，白萍亦透水大放，红白相间。神游其中，如登蓬岛。置之檐下，与芸品题：此处宜设水阁，此处宜立茅亭，此处宜凿六字，曰"落花流水之间"，此可以居，此可以钓，此可以眺。胸中丘壑，若将移居者然。[22]39

沈复神游移居的微末场景在山水画中更为多见。最直观的图景仍然存在于平远山水之中，构图的下段往往是一片有驳岸、草舍、篱笆、庇荫树的滨水缓滩，其中并常点缀闲居远眺的人物。*fig...16* 这类可居的场景本身并不及远方"如画"的山景好看，但对观者而言却有着不同寻常的意义，让人不自觉地将自己移居其中从而实现入画的神游。在许多表现园居淫乐的春宫图里，画中作为观者的人物都是布局中引人入画的媒介，尽管为了表现园林空间，这类绘画的视角通常是俯瞰的，但画家总是细致生动地描绘偷窥者的身影，从而将观画者的所见，转换为画中而非画外的所见。*fig...17* 同理，平远山水中，近景里人物远眺所收获的景致，定然不同于画外人俯瞰的山

fig...16 张观《山林清趣图》。北京故宫博物院藏

fig...18 郭熙《关山春雪图》。台北故宫博物院藏

高水远，但这却让我们得以重新审视沈括对李成"反掀屋檐"的苛责：李成一方面让观画者在画外旁观重山悉见的"远"，另一方面又强行插入反掀的屋檐从而将观者引入画内的人视点，恰如《林泉高致》形容的"欲上眺而若临观，欲下游而若指麾"[11]638。至此，如郭熙的《关山春雪图》fig...18中为何在险峻的山体中执着地插入成片的村庄茅舍就不难理解了——尽管从科学的角度上，我们根本无法想象那是一种什么样的地质形态。纵然罔顾了科学精神，却换来了缩地术与壶中天双重神话境界在同一空间内的两全。在这里，对山景和人境的表现分别都是写实的，而正是力求将这两种本不相容的写实组织进同一构图的强烈欲望，成就了中国山水画的写意。

缩地术与壶中天的两全，构成了文人在玩山一事上既对立又统一的普遍标准。在米芾《研山铭》中的砚山图里：一方面，总体上看呈上秀下丰的远

山山形；另一方面，在山脚处又注有"下洞三折通上洞，予尝神游于其间"的字样。这里的"神游"，不只是沈复式的观法引导，在一些山形局部里，被称作"方坛"的上部削平如台的平冈，很难想象是来自山体自然形成的地貌；以及，主峰中巉岩悬挑的"华盖峰"，也与李成"山高峻无使倾危"的写形要点相悖。而这两处一承托、一庇护，恰恰是诱惑人产生神游移居联想的妙处。这样的山形改造与山水画家的手法如出一辙。

相比之下，尽管受到沈括的苛责，李成仅用反掀屋檐的视点改造来引导神游的手法已经是最大限度地保全了自然山形。众口难调，郭熙却因此调侃李成的山形"上秀而下丰，合有后之相也"。反观郭熙在《早春图》轴中的山fig...19，刚好与李成相反：除了山脚处掩映着神游的居所外，他的主峰正是将上部虚凌的"华盖峰"悬挑于平坦舒适的"方坛"之

fig...19 郭熙《早春图》轴。台北故宫博物院藏

fig...20 佚名《濯足图》。河北省博物馆藏

fig...21 唐寅《秋林独步图》。无锡市博物馆藏

上，"欲上有盖，欲下有乘"[11]638，那山势恰似《濯足图》fig...20中所呈现的体贴卧姿的具体而微的山姿，其苦心昭然——故而山石盆景总是更青睐郭熙的山形，李符那首《小重山》中就有"沈泥上，点缀郭熙山"[16]的致敬。在缩地术的写远与壶中天的人境之间，各人拿捏的分寸不同，但意趣则别无二致。

这也构成了纵轴山水画三段式的经典结构。上部是上秀下丰的经典的远山；下部是引人驻足的近景居所；而夹在中间的一大段巉岩怪石，则恰恰介于两者之间：一方面表现为崔巍险峻的山体，另一

CONTEMPLATION
&
CONSTRUCTION

229

从　缩　到　壶
视
野
Horizons
中　地　中
天　术　天

fig...22 文徵明《山居图》。北京故宫博物院藏

fig...23 乳鱼亭和朝爽亭。傅卓恒摄

方面却又委曲其形，不断诱惑观者神游其中。由山及人，三重境界清晰明了，中间的那一层将山形、人意并会交融，往往是妙手所在，唐寅、文徵明的山水莫不如此。fig...21-22

　　中国的山水画中处处充斥着各色暗示神游的细节，很少单纯表现大自然的野趣。《林泉高致》里就枚举了许多诸如津渡、桥梁、渔艇、钓竿之类用以"足人事""足人意"的道具。仅从外观构图上看，艺圃的朝爽亭和乳鱼亭离得很近，有重复之嫌，且亭作为尺度参照也很容易让假山显得小，但如果从"足

人意"的神游角度出发，那又顺理成章：两个亭子，一个栖山，一个邻水，即便旁观而非步入其中，也能引人神游山水之乐。fig...23

3. 内观身游

壶中天的投身其中，取消了缩地术中作为观者的主体与视觉客体间的对峙关系。沈复的观法可以说是让主体来迎合客体的尺度，这样的方法对诸如盆景、绘画、砚山等"小物"非常有效。但如果对壶中天的追求仅限于"藐小微物"，那么沈复的"小中见大"

观想与兴造
第三辑 乌有园

230

ARCADIA
VOLUME III
2018

仍很难改善文人的现实生活，就如明代王世贞慨叹的"壶中天地不长情，画里江山难着脚"。[25]文人的园居体验又将如何被壶中天的理想所改造呢？

缩地术为视觉负责，而壶中天则为沉浸式的体验负责；缩地术是"外观"的，而壶中天是"内观"的。壶中天的理想总会诱惑文人纵身投入真实的景致当中，当身体全然沉浸其间，有限的视觉片段便失效了，身临其境的效果要求一种更丰富、更综合的认知体验。此时我们发现，沈复的对藐小微物的观法还是建立在视觉旁观的基础之上的：视觉之外的体验并不由那些绘画或器玩直接提供，而是交由想象来补全。投身园林，意味着那些体验只能由园林要素来切实地提供，于是便有了"八音涧""远香堂""荷风四面"种种。

在园林中，声、香、风等体验易得，壶中天的瓶颈，终究还是在大小上。文学中轻描淡写地就让神仙变小了，而在园林体验中没有别的选择，必须以真人的尺度为基准把周遭的环境做大——否则就不可能营造出投身其中的壶天体验。沈复在《浮生六记·闲情记事》里提供了在真实园林中"小中见大"的方法：

> 小中见大者，窄院之墙宜凹凸其形，饰以绿色，引以藤蔓；嵌大石，凿字作碑记形；推窗如临石壁，便觉峻峭无穷。[22]38

藤蔓、大石、碑记的尺度都是真实的，"推窗如临石壁"的要点在一个"近"字。

有趣的是，缩地术无法真的搬弄远近，只好在大小上下功夫；而壶中天不可能真的缩放大小，于是就顺理成章地在远近上找出路。与山水画里的"写远"相反，园居的壶天体验在乎"求近"。

李渔在《闲情偶寄》里对理山之法的总结与沈复如出一辙：

> 且山之与壁，其势相因，又可并行而不悖者。凡累石之家，正面为山，背面皆可作壁……但壁后忌作平原，令人一览而尽。须有一物焉避之，使坐客仰观不能穷其颠末，斯有万丈悬岩

之势，而绝壁之名为不虚矣。蔽之者为何？曰：非亭即屋。或面壁而居，或负墙而立，但使目与檐齐，不见石丈人之脱巾露顶，则尽致矣。[18]224

壶中天所提供的视觉体验，由于身浸其中，因而不可能"一览而尽"，既望不尽壶内之境，又望不到壶外之物——如《神仙传》所云"既入之后，不复见壶"。沈复和李渔之所以求近，就是力求以一叶障目，而令假山成为泰山。李渔已经解释了"房廊"的意义在于为视觉提供遮蔽，成为障目之叶，而这也正是《园冶》中"培山接以房廊"[4]58一句的所指。

总之，可为之物则近逼于前，不可为之物则遮蔽不见。由此则园中的壶天之境可图。所以，中国园林中供人游历的环境，总是以一系列尺度真实的片段扑面而来，充塞人的感官。

这种"人在此山中"的前提，必然导致"不见庐山真面目"的结果，人对山的体验，其实就只能是对峭壁的体验。因此，明清造园高手的掇山，其实就是磊壁。计成在《园冶·自序》里就现身说法，比较了置石模仿造型与磊壁营造体验的高下：

> 润之好事者，取石巧者置竹木间为假山；予偶观之，为发一笑。或问曰："何笑？"予曰："世所闻有真斯有假，胡不假真山形，而假迎勾芒者之拳磊乎？"或曰"君能之乎？"遂偶为成"壁"，睹观者俱称："俨然佳山也"；遂播闻于远近。[4]42

这几乎构成了妙手与俗手之间的经典差异。《张南垣传》里记载的掇山斗艺的故事几乎与计成的自述如出一辙：

> 南垣过而笑曰："是岂知为山者耶？今夫群峰造天，深岩蔽日，此盖造物神灵之所为，非人力可得而致也。况其地辄跨数百里，而吾以盈丈之址，五尺之沟，尤而效之，何异市人搏土以欺儿童哉？惟夫平冈小坂，陵阜陂陁，版筑之功，可计日以就。然后错之以石，棋置其间，缭以短垣，翳以密篠，若似乎奇峰绝嶂累累乎墙外，而人或见之也。其石脉之所奔注，伏而起，突而怒，为狮蹲，为兽攫，口鼻含呀，牙错

CONTEMPLATION
&
CONSTRUCTION

231

从 缩 到 壶
视野 Horizons
缩地 中天
术 从

fig...24 狮子林假山概览。傅卓恒摄

距跃，决林莽，犯轩楹而不去，若似乎处大山之麓，截溪断谷，私此数石者为吾有也……"[26]

张南垣对丈尺沙盘的嘲笑恰恰继承了沈括对"以大观小"的深度怀疑，这或许是中日两国造园家于造山一事上最根本的分歧。张南垣用磊壁所经营的山形看起来"若似乎处大山之麓"，他仅用寥寥数石来营造山脚——那才是真人与真山的真实关系。张南垣的山"犯轩楹而不去"，正是沈复、计成、李渔们山—房相逼的手法，以房廊遮蔽不可为的整山于壶天之外，令有限的景致得以充塞整个感官；除此之外，"缭以短垣，翳以密筱"之类的做法都能达成类似的遮蔽效果。沈复在《浮生六记·浪游记快》中这样描述无隐禅院的房舍与石壁："殿后临峭壁，树杂阴浓，仰不见天。"[22]112谈的也是房舍近逼与古树翳蔽两点。所以，尽管画论里明言"山不数十重如木之大，则山不大"[11]639，但艺圃的假山上仍栽种了参天的大树以翳蔽壶天之胜。其实艺圃山形的瑕疵并不全在其树大而山小，由于只能从延光阁远观而无法近逼，竖直磊壁已难成绝壁之势，似不若效仿张南垣取山脚势为佳。

理解了翳蔽的重要，就能理解童寯先生所称的"一览无余之憾"[5]19了。同样出于对壶中天的憧憬，为什么在米芾的砚山以及郭熙的画中那令人神往的"方坛"却不常见于园林假山？因为在真山中"方坛"正是视野最开阔处，不仅能供游者起居，还能兼"一览众山小"之胜；而园林中最忌讳一览无余，童寯先生称之为"劫景"[5]18——那些"半潭秋水一房山"的壶天经营，一经登高瞭望势将原形毕露，如美梦惊觉，俄然堕出壶外，是大憾事。这是对艺术品的"神游"与对园林的"身游"之间最大的区别。

因此，中国园林中略显拥塞的布局往往并不是用地局促所致，对于提供完满充盈的身游体验而言，总是"务宏大者少幽邃"[27]，狭窄的空间才更受青睐。所以沈复营造峭壁单选"窄院之墙"为之，而李渔也认为"壁后忌作平原"。

与"方坛"相反，从神游的角度出发，假山中的洞可谓得天独厚。它自然地扩充了假山可游历的空间，提供了有趣的可居之所，同时又天然遮蔽了外界的一切，园林中的山洞，本身就可自成一片壶中天地，如宋代李石的《三游洞》中就有"何时雷斧手，拓此壶中天"[28]的慨叹。苏州狮子林的洞可谓身游于洞的极致，那些贯穿整片假山区域的洞不仅可居，尚大有可游。

但从山的外形上看，狮子林的假山却一向饱受苛责，被戏指为"乱堆煤渣"。fig...24无论那是不是倪瓒手笔，对于将山水绘画视作基本素养的中国叠山

fig...25 李公麟《山庄图》（局部）。台北故宫博物馆藏

主人而言，狮子林的山形都是值得商榷的。但是，一旦我们把洞的因素考虑进去，原因就非常明了了：当力求以大量连通的山洞空间来构成山的基本体量时，就很难兼顾山形在山水画意上的视觉追求了。也可以认为，在缩地术的视觉效果与壶中天的身游体验之间，中国文人是作过权衡排序的。艺圃的山形或许也面对着类似的问题：之所以没有将山形处理成大山之麓，应该也是考虑到山脚地势相对平缓，无法为游历的空间提供足够的纵深，只有从放脚处就陡然壁立，才有足够的容量将游人翳蔽于壶天之内。

山水画中仅仅是在写远的山形中压入了些许起居意向，尚且极大地变革了山在画境中的基本形态；可以推想，园山要在现实维度中为真实的身游提供壶天意境已经极不容易，塑造山形的难度当远大于绘画。李公麟的《山庄图》fig...25就是一幅难得的以表现身游为主的山水。我们很少能在山水画中见

fig...26 文伯仁《山水图卷》。美国大都会艺术博物馆藏

fig...27 五峰仙馆假山。傅卓恒摄

到那么多举止生动的人物,其实李公麟画的不是人物,而是关于居、游的示范,画中的山水格局并不算适合观赏的景致,而大量由山石构成的洞、谷、涧、台以及屏风等,更像是为画中人提供的居、游装置;与郭熙的山水画或米芾的砚山不同,这里的神游并不只是在视觉上提供示意,对内观的身游而言,它非常写实。因此,这幅画中的山甚至呈现不出可供鉴赏的外观形态。类似的形式处理如明代文伯仁的

《山水图卷》:在一派平远山水中间,赫然插入了一段人意盎然的山体装置作为主景,横轴的尺幅框界裁去了山巅,仅留下张南垣式的大山之麓。*fig...26*

壶中天先于缩地术,应该是中国造园家的普遍共识。如果考评中国园林中现存的规模较大的园山,会发现外形上或多或少都有不如意处——环秀山庄的戈山应是为数不多的例外。甚至许多造园高手都主张量力而为,尽量避免处理大规模的园山,计成

结
语

在《园冶·掇山》中指出：

园中若掇山，非士大夫好事者不为也。为者殊有识鉴。缘世无合志，不尽欣赏，而就厅前一壁，是以散漫理之，可得佳境也。[4]209

连一向自视奇高的李渔都认为：

山之小者易工，大者难好。予遨游一生，遍览名园，从未见有盈亩累丈之山，能无补缀穿凿之痕，遥望与真山无异者……必俟唐宋诸大家复出，以八斗才人，变为五丁力士，而后可使运斤乎？[18]221-222

在实战中，即便是计成的厅前一壁，也难求全。留园五峰仙馆对面的假山 *fig...27*，占地不深，本不适合身游，其可贵处是仍以石抱土换来了三分古木交柯的气象，配以背后的粉墙，尚略兼峭壁山的大观；但是，或许是为了附会"峰"相，竟又在山台数处补立奇石危岩以塑造峰形，终难脱"石骑山"的俗手嫌疑。种种遗憾，皆强求山形此一念所致。

正是在"城市山林"的理想中对山居和市居的求全，让中国文人编织出了缩地术和壶中天的神话。这类神通并不关乎力量、财富或是权力，而是寄托了更雅致和纵情任性的山水情怀。从技巧上，这两种神通所经营的"远""近""大""小"四个字，正是中国一切寄情山水的艺术要诀。

缩地术与壶中天，一个是外观的，一个是内观的；一个是入世的，一个是出世的。文人手中的缩地术是一套成体系的视觉艺术手法，在现实世界中营造出各式各样令人目驰神迷的视觉神迹；相比之下，壶中天的态度显得更细腻和充满避世意味——壶公与现实世界秋毫无犯，他缔造了一个与现世隔绝的壶。

其实每一座足征市隐的中国园林，不都是一樽壶公之壶么？

参考文献

[1] 葛洪．神仙传：丛书集成初编 [M]．北京：中华书局，1991：39．

[2] 葛洪．神仙传 [M]．上海：上海古籍出版社，1990．

[3] 李昉．太平广记：第2册 [M]．北京：中华书局，1961：499．

[4] 计成，著，陈植，注释．园冶注释 [M]．2版．北京：中国建筑工业出版社，1988．

[5] 童寯．江南园林志 [M]．2版．北京：中国建筑工业出版社，2014．

[6] 童寯．1927—1997东南园墅 [M]．北京：中国建筑工业出版社，1997：39．

[7] 董豫赣．山居九式 [J]．新美术，2013，34(08)：77-87．

[8] 白居易．白氏长庆集：卷5[M]// 景印文渊阁四库全书：第1080册．台北：台湾商务印书馆，1983：58．

[9] 钱毅．吴都文粹续集：卷25[M]// 景印文渊阁四库全书：第1386册．台北：台湾商务印书馆，1983：650．

[10] 厉鹗．樊榭山房续集：卷2[M]// 景印文渊阁四库全书：第1328册．台北：台湾商务印书馆，1984：164．

[11] 俞剑华．中国古代画论类编 [M]．北京：人民美术出版社，2007．

[12] 陆游．剑南诗稿：卷23[M]// 景印文渊阁四库全书：第1162册．台北：台湾商务印书馆，1983：395．

[13] 倪谦．倪文僖集：卷31[M]// 景印文渊阁四库全书：第1245册．台北：台湾商务印书馆，1983：585．

[14] 徐世昌辑．晚晴簃诗汇：第49册 [M]．北京：中国书店，1989：144-145．

[15] 何平立．崇山理念与中国文化 [M]．济南：齐鲁书社，2001：468．

[16] 李符．香草居集：第7卷 [M]// 四库全书存目丛书：集部第252册．济南：齐鲁书社，1997：68．

[17] 文震亨．长物志 [M]．北京：中华书局，1985：19．

[18] 李渔．闲情偶寄 [M]．江巨荣，卢寿荣，校注．上海：上海古籍出版社，2000．

[19] 苏轼．东坡全集：卷11[M]// 景印文渊阁四库全书：第1107册．台北：台湾商务印书馆，1983：179．

[20] 王之道．相山集：卷1[M]// 景印文渊阁四库全书：第1132册．台北：台湾商务印书馆，1983：527．

[21] 李树华．中国盆景文化史 [M]．北京：中国林业出版社，2005：98．

[22] 沈复．浮生六记 [M]．北京：中华书局，2010．

[23] 胡应麟．少室山房集：卷55[M]// 景印文渊阁四库全书：第1290册．台北：台湾商务印书馆，1983：384．

[24] 高濂．遵生八笺：第7卷 [M]// 景印文渊阁四库全书：第871册．台北：台湾商务印书馆，1983：509．

[25] 王世贞．弇州四部稿：卷22[M]// 景印文渊阁四库全书：第1279册．台北：台湾商务印书馆，1983：281．

[26] 张潮．虞初新志 [M]．上海：上海古籍出版社，2012：69．

[27] 李格非．洛阳名园记：湖园 [M]// 景印文渊阁四库全书：第587册．台北：台湾商务印书馆，1983：246．

[28] 李石．方舟集：第1卷 [M]// 景印文渊阁四库全书：第1149册．台北：台湾商务印书馆，1983：537．

乌有园
第三辑
观想与兴造

236

ARCADIA
VOLUME III
2018

榱桷之下，作木生奇

江南园林建筑木作人视景观意趣初探

钱晓冬

奇而不怪，肆而不离，趣而不俗。园林之外，榱桷之下，连屋草架，重椽复水，花篮减柱，泼水山雾，木作匠艺，三分生奇。

谈到园林的建造技艺，我们常把亭台楼阁、叠山理水、花草树木的各种布局作为园林建造技艺的主要对象去探讨，少有对其技艺背后的构造初心的关注，因为构造总是被匠人化，而后归为《园冶》所描述的"七分主，三分匠"的三分之中。其实，构造最终也能呈现空间，反映其中的意趣。不论是掇山，还是理水，亦或是花木，其背后的自然构造哲学都有所讨论，然而关于园林建筑，似乎就很少被谈起。由《营造法原》做法工具书的定位，亦可看出，园林建筑的这种非自然构造背后的人视景观意趣是容易被人忽略的。

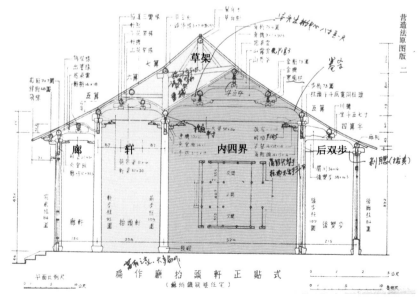

fig...01 扁作厅抬头轩正贴式。摘自《营造法原》

之一

草 连
架 屋

【草架】

《园冶》：草架，乃厅堂之必用者。凡屋添卷，用
天沟，且费事不耐久，故以草架表里整齐。向
前为厅，向后为楼，斯草架之妙用也，不可不知。
《营造法原》：凡轩及内四界，铺重椽，作假屋时，
介于两重屋面间之架构，内外不能见者，用以使
表里整齐。

连屋草架并非屋中作屋，《园冶》及《营造法原》
均有连屋之构架的描述。草架的出现，应该是先有
内四界的基本生活空间，前檐放步、添卷作轩后，
为避免内四界双坡与添卷作轩所形成的天沟排水不
畅，及连接处外观的错杂，而作草架使得表里整齐。
fig...01 对于普通民居来说，如果内四界空间已满足
日常生活的使用需求，则无需添卷作轩安草架。故
草架不同于承尘平棊所封闭的梁架区域，两者有着
根本的区别。连屋草架是重椽后的两层屋面，而承
尘平棊则类似室内的天花板。

如果想要增加内四界以外的生活空间，其实可
以拔高内四界的高度，延伸檐口的长度，多出一步
或者双步来实现。但如若这样，作为生活中心的
内四界空间就会变得非常高耸，难免会失去生活空
间的尺度感。亦或不增加内四界的高度而延伸
檐口的长度，那就又不符合《园冶·屋宇篇》所描
述的"高低依制，左右分为"（前檐高而后檐口低）
的说法。此时，草架的妙用就变得十分重要，内四
界外添卷作轩的连屋形式，既可满足生活空间的
需求，又不失屋宇形态人视景观的意趣。当然，草
架覆盖连屋所形成的空气层亦也可起到防寒保暖的
作用。不过当空间需求需要高度时，内四界仍需拔
高，为稳定其结构而必设

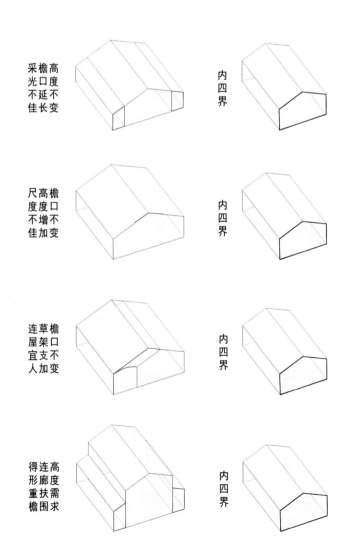

采檐高
光口度
不延不
佳长变

内四界

尺高檐
度度口
不增不
佳加变

内四界

连草檐
屋架口
宜支不
人加变

内四界

得连高
形廊度
重扶需
檐围求

内四界

fig...02 内四界空间扩展方式示意图

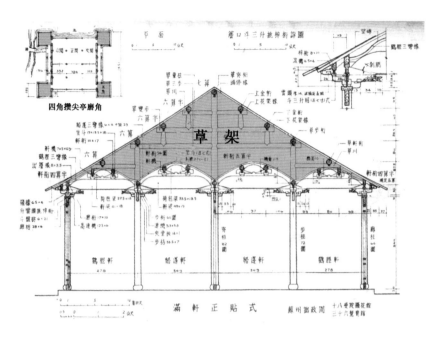

fig...03 苏州拙政园卅六鸳鸯馆满轩正贴式。摘自《营造法原》

围廊，类似于飞扶壁的做法，从而结构成重檐建筑的形态。*fig...02*

由于室内空间根据不同的功能需求而扩大，轩与内四界出现了各式各样的组合，最大的生活空间以满轩的形式出现。例如拙政园卅六鸳鸯馆，因其主要的功能为看戏，故室内的空间需要比一般的生活空间大，最终以四连屋，盖之以草架的形态去满足和实现。*fig...03* 同时也带来了新的问题：室内的空间得以满足，但四连屋的进深要以草架使其整齐

表里，便不得不把屋顶做得比较高耸，对于园林来说，这样的体量是过大的。

卅六鸳鸯馆的妙处在于其四个屋角均安置四角攒尖亭。*fig...04* 有点类似《园冶》中对于厅堂"磨角"*fig...05* 的阐述。《园冶》草架式记载："惟厅堂前添卷，须支草架，前再加之步廊，可以磨角。"笔者认为这里的磨角并非《园冶注释》中所专指的屋角起翘做嫩戗发戗或水戗发戗，而是由于草架过高造成屋宇体量过大、双坡呆板时，在角部置造一抹去直

fig...04 苏州拙政园卅六鸳鸯馆

CONTEMPLATION
&
CONSTRUCTION

239

牛 作 之 椟 视
奇 木 下, 楠 野
Horizons

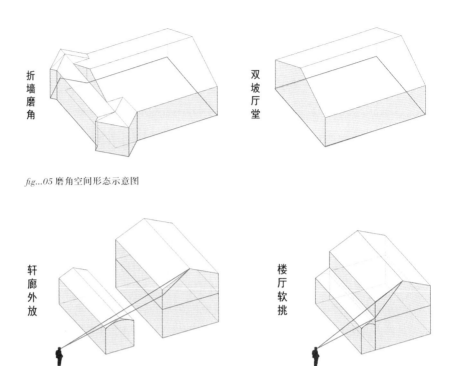

fig...05 磨角空间形态示意图

fig...06 集虚斋及竹外一支轩空间视线示意图

角的空间，以达到从视线上削弱主体体量，形态上打破双坡呆板的一种处理方式。当然卅六鸳鸯馆置造的磨角在功能上仍有为看戏而准备的候场作用。

类似连屋草架所形成的大屋架之磨角削弱体量使其空间灵巧的方式，在纵向空间上同样也有处理的方法。

网师园集虚斋楼厅做法既没有做硬挑头，也没有做软挑头雀宿檐。像这样的楼厅做法常用在临水而筑，类似拙政园倒影楼等。但如若直接将集虚斋楼厅面水而设，会对本来就不大的网师园中心园林造成体量感的压迫，所以楼厅仍退临水池，不过其楼厅的体量仍然是存在的。然而这里的妙处在于，楼厅退临水池后不是没有做硬挑头或者软挑头雀宿檐，而是将原来属于楼厅硬挑头或者软挑头雀宿檐所限定的轩廊空间外放，剥离出主体楼厅空间，然后适当放大形成独立的竹外一支轩的轩廊空间。这样的空间外放在视线上足以遮挡因功能需求所置造的楼厅体量。fig...06-07

fig...07 网师园集虚斋及竹外一支轩。中图摘自《苏州古典园林》

ARCADIA
VOLUME III
2018

重椽
复水

【重椽】

《园冶》：重椽，草架上椽也，乃屋中假屋也，凡屋隔分不仰顶，用重椽复水可观。惟廊构连屋，或构倚墙一坡而下，断不可少斯。

不同于连屋草架，重椽复水才是真正的屋中作屋。

留园曲溪楼便是利用这种表里不一的构造体系来满足向内及向外的各自需求。从整个中心园林的空间感知效果及视线来看，为使明瑟楼两层旱船的体量在园中不显得突兀和笨重，同时遮蔽园林宅第部分体量，降低其对中心园林视线的影响，曲溪楼的表面体量感的存在是有其空间意义的。对于原本曲溪楼前的大枫杨来说，更有其入画的空间相对意义。*fig...08*

然而从剖面上得知，曲溪楼之屋顶体量是由单坡屋顶所赋予的，还有一半的楼的体量并不存在，如果屋顶在现有的半楼进深上做成双坡顶，仅仅只依靠两层楼厅的空间体量不足以欺骗人的视线认知，因为屋顶瓦作与楼身的比例会大大失调而透露

出其真实的体量感，所以只能做成单坡屋顶来增加屋面瓦作与楼身的比例尺度，从而达到真正的全楼体量感。*fig...09*然而这样的半楼形态，在周边清风池馆等建筑的掩护下，是很难得被发现的，所以在体量上最终还是欺骗了观者的眼睛。现在曲溪楼背面是以墙的身份来面对宅第的内庭空间，但根据20世纪30年代的老照片，曲溪楼背后是双坡楼厅，由于高度原因楼厅的双坡顶微微露出单坡的曲溪楼。笔者认为，不管是什么原因使得后面的双坡楼厅被拆除，但从前面讨论的人视空间意趣上来说，这个双坡屋顶的消失确实有利于掩盖重椽复水曲溪楼的体量虚假。*fig...10*

走入曲溪楼后，其室内重椽复水的构造，一方面用小内四界做屋中假屋掩盖了其本身单坡廊的尺度，来让游者产生错觉，感受到厅堂的尺度感，而不是彻上明造后让人体会到那种单坡楼廊的感觉。另一方面，从结构上也实现了单坡一侧排水，从而解决双坡单侧靠高墙排水不利的问题。曲溪楼的这种重椽复水、表里不一的构造做法，不管是对内还是对外，都有其空间人视的意趣。*fig...11*

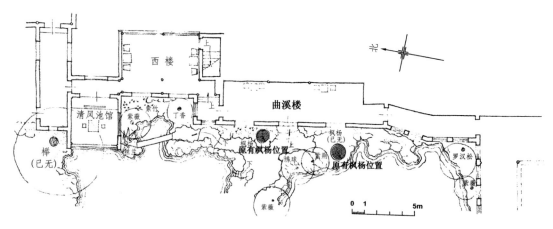

fig...08 苏州留园曲溪楼一带平面图。摘自《苏州古典园林》

CONTEMPLATION
&
CONSTRUCTION

241

视野
Horizons

生 作 椽
奇 木 之 椽
木 下，

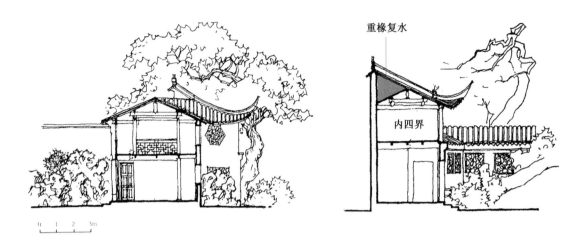

fig...09 苏州留园曲溪楼剖面图。摘自《江南园林论》

重椽复水

内四界

0 1 2 3m

fig...10 苏州留园。左图摘自《苏州园林名胜旧影录》，右图摘自
《苏州古典园林》

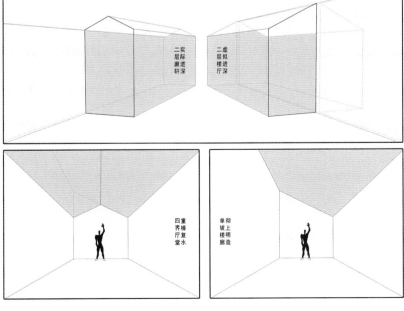

二层实际廊轩进深

二层虚拟楼厅进深

四重椽界复厅堂水

单坡彻上明造楼廊

fig...11 曲溪楼二层室内空间示意对比分析图

乌有园
第三辑
观想与兴造

242

ARCADIA
VOLUME III
2018

之三

减花
柱篮

【花篮厅】

《营造法原》：厅堂之步柱不落地，代以垂莲柱。柱悬于通长枋子，或于草架内之大料上。柱下端常雕以花篮。

减柱造与移柱造在大木的构造体系中颇受关注，不露痕迹理当是减柱对于空间的处理态度，也是给予游历者的一种视线上的惊喜。

江南建筑之内四界与前添卷之构造形成的重椽草架之屋架，使屋内空间与屋外空间表里不一，为了使身体与庭院发生关系，无论是前檐放步，还是前添卷之构造，都是为了身体能走出内四界室内的限定，与庭院发生行望的过渡空间。这样的空间演变就产生了由内至外空间的引导需求，于是便出现了另一种结构体系——花篮减柱，来满足这种向内空间的引导需求。

《营造法原》中记载花篮厅其实就是一种减柱构造做法，这种自欺欺人的构造做法方式，亦富有空间情趣。因连屋草架形成内四界与前添卷空间时，内四界的空间限制用添卷来增加，虽然空间尺寸上达到使用范围的扩展，却在空间的限定上仍然保持这连屋的形态。所以，为使得内部能合二为一，故减去连屋之间的步柱，来增加空间的整体使用性。但是这种花篮减柱做法是用"破二作三"的空间分割去实现的，所以实际上，整体空间并非等同于一般三开间建筑减柱的空间扩大，而是利用"破二作三"，先缩了整体尺寸，后利用草架架梁，在铁环悬柱以资稳固的情况下来实现花篮减柱的空间扩大。*fig...12* 这种"多此一举，自欺欺人"的做法背后，是有其心理上的意趣的：打破内四界室内的限定，去除身体在室内与室外之间的空间屏障及视线屏障，从而使得身体更亲近室外，引导其进入园林空间。苏州

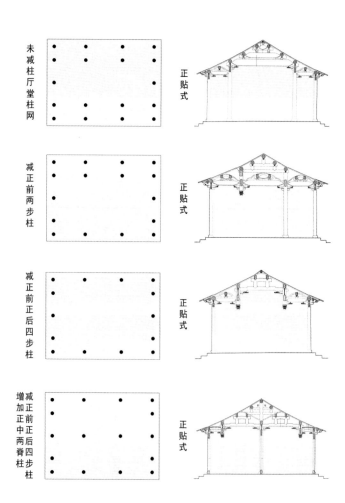

未减柱厅堂柱网 — 正贴式

减正前两步柱 — 正贴式

减正前正后四步柱 — 正贴式

减正前正后四步柱增加正中两脊柱 — 正贴式

fig...12 花篮减柱空间示意图，花篮厅剖面图摘自《图解营造法原做法》

fig...13 苏州狮子林局部平面图。
摘自《苏州古典园林》

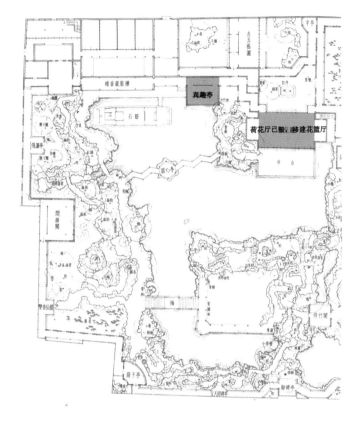

狮子林水殿风来满轩花篮厅，^{fig...13}原荷花厅已毁，此花篮厅为移建）减去前步柱两根，厅外的平台则为赏园的中心，虽然水岸假山离山林之意甚远，但花篮减柱的构造意趣，还是把人的身体带入了园林空间。^{fig...14}苏州木渎严家花园友于书屋贡式花篮鸳鸯厅和南浔小莲庄净香诗窟花篮四面厅也是同法。

当然，江南园林建筑的花篮减柱与《营造法式》记载的减柱造有着根本性的区别。花篮减柱在视线上不增加梁柱尺寸的情况下，实现空间平面上的虚伪扩大，而其平面所延伸的是室外的景，是由内至外空间的引导，而《营造法式》之减柱，在真正意义上使得室内空间在三维上同时扩大，但其用料仍然是根据材份制来量算建造的，虽然可以不做彻上明造，而作平棋平闇亦或藻井，但主体梁架跨度尺寸仍然暴露在视线范围内。园林建筑室内空间，

需宜人的尺寸来适应园林生活的需求，故其"自欺欺人"的花篮减柱构造意趣就变得十分贴近生活，而非《法式》减柱所追求的空间利用率，满足使用或营造空间庄严的氛围。

这种"虚情假意，自欺欺人"的视觉意趣，不仅在尺度较小的厅堂中存现，在一些尺度较大的亭榭中也有所应用。^{fig...15}这样也就可以证实，江南园林

fig...14 苏州狮子林水殿风来花篮厅

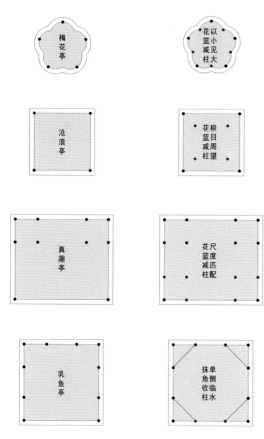

fig...15 几种亭的花篮减柱平面示意图

fig...16 苏州狮子林真趣亭

fig...17 从左至右：梅花亭、沧浪亭、真趣亭、乳鱼亭

建筑的花篮减柱，的确不是为了真正意义上的空间扩大。如按《营造法式》之减柱意义，应该存现在空间尺度小而密的柱网中，减去柱子来扩大空间利用率。但江南园林建筑，也有在本身尺度就较大的亭榭中应用减柱，所以其花篮减柱的意趣，除了让内部空间得到心理意义上的扩大，仍在于人视景观空间的引导，让人的身体能够更好地与自然相贴相切，

只不过在尺度较大的亭榭中，用此做法也可在视觉上削弱其体量感，来适应整个园子的尺度。例如苏州狮子林的真趣亭内部，"自欺欺人"的花篮减柱便于游者贴近美人靠赏园，而其"虚情假意"的立面花篮减柱，则为了在开间体量上，达到"虽是榭却装若亭"的尺度缩小匹配。fig...16同理于艺圃的乳鱼亭，但其是利用四角扁作抹角抬梁收起单侧临水会引起

CONTEMPLATION
&
CONSTRUCTION

245

生作之槐视
奇木下，桷野
Horizons

误会是榭的两柱，来达到所需的人视景观需求。

　　然而有些花篮减柱也有除了让内部得到心理意义上的扩大外，其自身要达到"虽是笠却装若亭"的外部视觉体量扩大，来炫耀其以小见大的作木生奇。例如梅花亭的花篮减柱。沈复的《浮生六记》中对沧浪亭描述是"亭在土山之巅，循级至亭心，周望极目可数里，炊烟四起，晚霞烂然"。大尺度的单开

间歇山亭为了能达到土山之巅的极目周望，故将老角梁后尾压在扁作通长山界梁上的方形金桁上，用倒置花篮将轩枋金桁以及山界梁的交叉点穿插在一起实现减柱，也只为能在心理的暗示上达到人视景观空间极目周望的需求。*fig...17*

山泼
雾水

【泼水】

《营造法原》：凡山雾云、抱梁云、嫩戗、水戗
等其上部向外倾斜，所成之斜度。

内四界所限定的屋内高度空间所引导的与身体发生
的事件是生活化的。故其所有构造体系，均与人的
视线和感受发生着紧密的联系，也许行望除了能在
园子里发生，在室内也可以存在。

山雾云在《营造法原》中的描述是："屋顶山
界梁上空处，斗六升牌科两旁之木板，刻流云仙
鹤装饰者。"这其实只是一种对木作技艺的记录而
已。不过，《营造法原》里更有描述："山雾云作泼
水。"fig...18 把原本一个装饰者，一下子提升到了并
非单纯关乎木作技艺记录的层面，泼水即坡势，它
的构造，虽然在形态上是装饰性的，也不完全只是
装饰补空这么随意，更是一种营造心理氛围的情景
背景，往往配合阶台"涩浪"（文震亨《长物志》中
室庐篇对阶的描述"以太湖石叠成者，曰'涩浪'，
其制更奇，然不易就"）的形制来共同营造这样的云
仙意境。fig...19 其构造的位置，亦道出其技艺的趣
味性：坡势其实是对人视的一种关照，如果纯补空
内四界梁架顶部的构造空隙，山雾云大可做双面雕
刻垂直填补两侧，但《营造法原》所提及的作坡势，
将山雾云审势略作关照人视线对视的倾势，如此一
来，进入室内空间前低头入口的阶台"涩浪"、进入

室内空间后抬头屋顶的泼水山雾，皆营造直接关照
人视的云仙意境，空间大小被心理放大，空间属性
被意趣附着。此手法如同环秀假山之钩带掇山，使
之崖体外倾，从而营造山林之意，又如独乐山门之
天王震慑，使其身体倾拉从而渲染庄严之威。

类似这样的关照人视，营造心境的作木生奇其
实在槟榔之下仍有很多。例如内四界的扁作梁，如
果按照《营造法原》之木架配料之例来算，大梁围
径应按内四界进深的2/10，算得如内四界进深4.8米，
得四界大梁的围径是0.96米，大梁的用料直径约300
毫米。其实就是圆堂大梁的用料做法，但扁作梁的
高度往往要超出300毫米很多，甚至翻倍。厚度基本
在300毫米左右或者小于围径算法用料。那按照传
统匠人惜木的原则，扁作梁岂不是很浪费木材而且
又增加自重？但匠人的生奇在于扁作梁基本为虚拼
做法。也就是对于面内的结构来说，其仍是按照配
料之例来核定用料作为底料，但对于面外人视来说
要达到心理上的炫富用料之表面厚丽，承托云仙之
密实厚重，结构安全之心理厚实时，上部便做成虚
拼的面板来形成扁作梁最终的高度。fig...20

其实在《营造法式》《营造法原》等记载技艺的
工具书中，蕴含着很多构造背后的初心。而这些构
造却往往被当作样式图集来引用复制，并没有发现
其中的来由或展开深层次的探讨，也就是：这构造
的初心是什么？其实全关乎生活。

CONTEMPLATION
&
CONSTRUCTION

247

视野
Horizons

生奇作之根椽
木下，桷

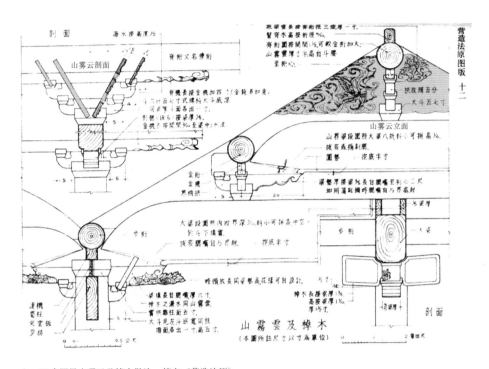

fig...18 内四界山雾云及棹木做法。摘自《营造法原》

fig...19 左：苏州耦园载酒堂内四界；右：留园五峰仙馆前"涩浪"

fig...20 四界梁结构示意图

参考文献

[1] 姚承祖. 营造法原 [M]. 张至刚, 增编, 刘敦桢, 校阅. 2版. 北京: 中国建筑工业出版社, 1986.

[2] 计成, 著, 陈植, 注释. 园冶注释 [M]. 2版. 北京: 中国建筑工业出版社, 1988.

[3] 张家骥. 园冶全释 [M]. 太原: 山西古籍出版社, 1993.

[4] 刘敦桢. 苏州古典园林 [M]. 北京: 中国建筑工业出版社, 2005.

[5] 杨鸿勋. 江南园林论 [M]. 北京: 中国建筑工业出版社, 2011.

[6] 过汉泉. 江南古建筑木作工艺 [M]. 北京: 中国建筑工业出版社, 2015.

[7] 侯洪德, 侯肖琪. 图解《营造法原》做法 [M]. 北京: 中国建筑工业出版社, 2014.

luminocity.cn

光 明 城

LUMINOCITY

"光明城"是同济大学出
版社城市、建筑、设计专
业出版品牌,由群岛工作
室负责策划及出版,致力
以更新的出版理念、更敏
锐的视角、更积极的态度,
回应今天中国城市、建筑
与设计领域的问题。

图书在版编目（CIP）数据

乌有园.第三辑,观想与兴造/金秋野,王欣编.--上海:同济大学出版社,2018.11

ISBN 978-7-5608-7963-5

Ⅰ.①乌… Ⅱ.①金… ②王… Ⅲ.①建筑科学－文集②建筑文化－文集 Ⅳ.① TU-53② TU-09

中国版本图书馆 CIP 数据核字 (2018) 第131714号

乌有园 第三辑

观想与兴造

金秋野 王欣 编

出版人：华春荣

策划：秦蕾 / 群岛工作室

责任编辑：杨碧琼

责任校对：徐春莲

装帧设计：typo_d

版 次：2018年11月第1版

印 次：2022年1月第2次印刷

印 刷：上海雅昌艺术印刷有限公司

开 本：889mm×1194mm 1/16

印 张：15.75

字 数：504 000

ISBN：978-7-5608-7963-5

定 价：148.00 元

出版发行：同济大学出版社

地 址：上海市四平路1239号

邮政编码：200092

网 址：http://www.tongjipress.com.cn

经 销：全国各地新华书店

本项目由"北京未来城市设计高精尖创新中心——城市设计理论方法体系研究"（项目编号UDC2016010100）资助

本书若有印装质量问题，请向本社发行部调换。

Arcadia

Volume III Contemplation & Construction

ISBN 978-7-5608-7963-5

Edited by : JIN Qiuye, WANG Xin

Initiated by : QIN Lei / Studio Archipelago

Produced by : HUA Chunrong (publisher), YANG Biqiong (editing), XU Chunlian (proofreading), typo_d (graphic design)

Published by Tongji University Press, 1239, Siping Road, Shanghai 200092, China.

www.tongjipress.com.cn

Second edition in January 2022.